温柔的情绪教养

陈欢欢 著

苏州新闻出版集团

古吴轩出版社

图书在版编目（CIP）数据

温柔的情绪教养 / 陈欢欢著. -- 苏州 ：古吴轩出
版社, 2023.10
　　ISBN 978-7-5546-2207-0

Ⅰ．①温… Ⅱ．①陈… Ⅲ．①情绪—自我控制—儿童
教育—家庭教育　Ⅳ．①B842.6②G782

中国国家版本馆CIP数据核字（2023）第181470号

责任编辑：顾　熙
见习编辑：张　君
策　　划：董丽艳
装帧设计：彴　玖

书　　名：**温柔的情绪教养**
著　　者：陈欢欢
出版发行：**苏州新闻出版集团**
　　　　　古吴轩出版社
　　　　　地址：苏州市八达街118号苏州新闻大厦30F
　　　　　电话：0512-65233679　　　邮编：215123
出 版 人：王乐飞
印　　刷：唐山市铭诚印刷有限公司
开　　本：880mm×1230mm　　1/32
印　　张：5
字　　数：79千字
版　　次：2023年10月第1版
印　　次：2023年10月第1次印刷
书　　号：ISBN 978-7-5546-2207-0
定　　价：36.00元

如有印装质量问题，请与印刷厂联系。022-69236860

温柔教养是一种有弹性的教养方式，即不娇纵孩子，而是用温和的语言和坚定的行为来教养孩子。父母用温柔的方式教养孩子，用爱铺就孩子的人生底色，会助力孩子变得和善、温暖。

在与孩子相处时，我一直秉持着尊重的想法，并希望能与孩子平和地交流。但养过孩子的父母都知道，要想做到一直不冲孩子发火真的是一件很难的事。

有一次，孩子把玩具扔得到处都是，我和他说了好几遍要把不玩的玩具收起来，可是他始终无动于衷。过了一会儿，我不小心踩到了一块小积木，脚硌疼了，我的怒火瞬间被点燃，说话的语气就重了一些，脸上的表情也不太好。孩子立刻走到我身边，严肃地对我说："妈妈，好好说话。"我愣了一下，孩子又说："妈妈，您笑呀。"这一刻我才意识到孩子对我的情绪变化原来如此敏感。

都说孩子是父母的一面镜子，很多时候，可以通过孩子的行为表现看出父母的性格，这也为我们敲响了警钟：除了好好说，我们更要好好做，要为孩子树立一个可以管理好自己情绪的良好榜样。

育儿原本就是一件很辛苦的事情，虽然孩子能带给我们幸福感，但辛苦并不会因此而减轻半分，尤其在我们不知道如何对待孩子、帮助孩子时，这种无力感会更让人崩溃。而如果父母温柔地对待孩子，让孩子感受到爱与关怀，育儿的效果就会大大增加。

每个孩子都是具有独立意识的个体，父母的教育话语说得恰当、合适，不仅会让孩子乐于接受，也有利于构建温馨和谐的亲子关系。而温柔的情绪教养，是指父母在调节好自己情绪的前提下，用尊重、理解的方式，说出更容易让孩子接受的话语。这并不是说父母只能说好话，而是父母要用耐心、接纳、鼓励等代替唠叨、说教、控制。

当孩子委屈、悲伤时，父母能够把安慰的话说到孩子的心里去，帮助孩子平复情绪；当孩子愤怒、发火时，父母可以用平和的情绪熄灭孩子心中的怒火，并引导孩子将怒气消解；当孩子取得好成绩时，父母要大声表扬孩子，而不是采取打击式教育；当孩子犯错时，父母要明确原则，温柔而坚定地指出孩子的错误，用爱来消解孩子的不安……

现在市面上有很多育儿书籍，我们也能通过网络等渠道接触到各种各样的育儿信息，但是需要把理论应用到实践中。在日常生活中，我们仍然会面对各种各样的教养难题，但不是每个问题都有答案。希望本书能够帮助众多父母认识到自身的缺点与不足，并结合书中的观点，形成自己独特的表达方式，在教养孩子的过程中，与孩子共同成长。

目录
CONTENTS

第一章

尊重孩子，你的理解与认可至关重要

充分地尊重孩子，与孩子平等地交流，给予孩子表达的机会，会在孩子心中种下美好的种子。

尊重孩子是父母最好的教养

在养育孩子的过程中，相信我们都深有体会：孩子的模仿能力真的不是一般的强，他们会模仿父母不经意间做的一个动作，会模仿父母说话的方式，也会模仿父母对待他人的方式。

父母要知道：孩子被怎样对待，他就会怎样对待别人。父母尊重孩子，孩子才会尊重父母，并且会在与他人相处的过程中去学着尊重他人。

尊重孩子，就是将孩子当作独立的个体，在做一些事情之前与孩子沟通，尊重孩子的想法，倾听孩子的建议，不刻意说教，也不强制让孩子接受父母的想法。

真正地尊重孩子，并不是嘴上说说而已，父母要在平时的生活中给予孩子充分的自主权，尊重孩子的兴趣与选择，不要以自己的喜好来判断孩子的选择，不要把自己的决定强加到孩子身上。

比如，在对待孩子的兴趣选择上，父母不要说："学画画吧，画得好以后还能作为副业赚钱。""学习打乒乓球吧，我们国家可是乒乓球强国。""还是学钢琴吧，弹钢琴多有气质啊！"……要让孩子充分发展自己的兴趣，父母不妨这样对孩子说：

"你现在对什么课外活动感兴趣啊？我们可以试着长期发展。"

"你想学习什么呢？爸爸妈妈一定支持你。"

"别担心，暂时没想好也没关系，那就从你现在想做的事情开始吧。说不定做着做着，你就知道自己以后想要做什么了。"

有些父母会觉得孩子还小，他们做出的选择未必正确，于是就代替孩子去做选择；可是这样做，孩子就没有机会得到锻炼。你如果也有这样的担忧，但又想给予孩子适当的自主选择权，不妨在孩子做选择时，为孩子分析各种情况，让孩子充分了解每种选择可能会带来的结果。在孩子认真地做出决定后，父母就不要轻易否决了。

孩子会有各种各样的需求，他们会让父母买一些当下流行的物品，也期待与父母分享自己的情感体验，包括高兴、难过、愤怒等。对于孩子的物质需求，父母不能有求必应，而可以让孩子通过自己的努力来获得某件物品，从而让孩子珍惜这件物品；而对于孩子的心理需求，父母则应该尽量去满足，哪怕是抽出半小时和孩子谈心，孩子的心理需求也会得到满足。当然，父母如果真的有事要做，那也可以跟孩子协商：

"妈妈现在有点儿忙，不过妈妈很愿意与你共度一段谈心的时光。可以给妈妈一个小时吗？妈妈忙完马上就去找你。"

"现在妈妈需要去做晚饭，你能不能帮妈妈择菜、洗菜呢？我们可以一边做家务一边谈谈你的感受哦！"

尊重孩子，是发自内心地理解孩子，懂得多给孩子一些支持，是用心去呵护孩子的心灵，给孩子一个健康、积极、充满自信的童年。

理解孩子，与孩子平等地交流

温柔教养的宗旨就是让父母在尊重、理解孩子的基础上，用更温和的方式与孩子相处、交流，而不是靠着所谓父母的身份去向孩子施压。对孩子来说，他们更希望得到父母的认同与肯定，想跟父母成为贴心的朋友。

让父母把孩子当成自己的朋友，确实不是一件容易的事。绝大多数的父母在与孩子相处时都会报喜不报忧，他们会主动与孩子分享快乐的事情，但很少告诉孩子生活中的压力、担忧的心情。实际上，虽然孩子无法真正帮助父母解决当前的困难，但是在分享的过程中，孩子在家庭中的参与度会更高，亲子关系会更进一步，家庭的凝聚力会得到提升，孩子也会更愿意跟父母分享自己的经历、感受等。

语言是父母与孩子进行情感沟通的纽带。在与孩子沟通交流的过程中，父母一定要注意语气，是尊重，是征求意见，而不应该是训斥和责怪。

也许在与孩子开启一场谈话之前，你也想要平等地跟孩子交流，也想要倾听并尊重孩子的想法，但是当孩子真正将自己的想法表达出来后，你可能会觉得孩子的想法很幼稚、很耗费精力、很浪费时间，于是为了不让孩子走弯路，你便会将自己的想法强加到孩子身上，最终导致不欢而散。

不可否认，父母总是希望能够利用一切机会向孩子灌输道理，有时会以平和的方式，但有时则会以教训的口吻，这种不平等的交流很容易激起已经有主见的孩子的逆反心理，进而让他们变得更加排斥与父母的交流和相处。

要做到与孩子平等交流，父母可以从以下几点入手。

1．多使用积极性的语言

父母在和孩子沟通时，可以多用鼓励性的、积极性的语言。比如，当父母想要孩子帮忙做些家务时，父母可以说：

"今天我们要大扫除，你想要负责什么项目呢？"

"妈妈想吃苹果了，可以帮妈妈洗个苹果吗？"

"我们一起来整理一下衣柜吧。把不穿的旧衣服找出来，然后捐出去吧。"

孩子有自己独立的思想与人格，父母不要忽略了对孩子说话的方式，避免使用命令式、禁止性的语言，比如"不行""不准""你不能"……换位思考一下，你就能明白，这样的语言会让人感到不舒服。如果这样的话曾经是你与孩子交流时的口头禅，那就从现在开始改变吧。慢慢地，相信孩子也会愿意与你分享他的观点与感受的。

2. 与孩子平等地讨论分歧

父母有着更多的人生经验与阅历，而孩子没有经历过这么多，双方之间对某件事的看法存在分歧也是正常的。父母只要耐心地处理，用商量、柔和的方式来引导和教育孩子，通过平等的讨论来消除分歧即可。

3. 控制好自己的情绪

我们一直强调要注重温柔教养，但要真正做到这一点并没有那么容易，尤其是当孩子犯错的时候。很多父母虽然会努力控制自己和孩子说话时的语气，但是脸色早已出卖了他们内心的真实想法。比如，有些父母嘴上说着"我不生气"，但却绷着脸，严肃地看向孩子，这种无声的语言分明就是在告诉孩子"我很生气"。

孩子是很敏感的，他们会察觉到父母的情绪变化，也能分辨出父母在讲话时所传达出来的意思与态度。所以，父母在与孩子交流时，要展示出足够的诚意，重视孩子的心情与感受。

4. 谈孩子感兴趣的话题

有些父母由于工作忙，陪伴孩子的时间很少，偶尔陪孩子，也不知道该聊些什么，总觉得跟孩子之间存在隔阂。此时谈论孩子感兴趣的话题可以有效地打破隔阂。

父母可以引导孩子谈孩子感兴趣的话题，比如：

"最近在学校里发生过什么有趣的事情吗？"

"你现在在看什么书呢？书中都讲了什么？可以和我分享一下吗？"

如果父母只跟孩子谈论自己感兴趣的话题，由于存在代沟，孩子很可能会觉得难以理解，以致产生反感情绪，使谈话很难进行下去。

学会共情，给孩子表达的机会

想要成为合格的父母，就要学会站在孩子的角度看问题，能够倾听孩子的心情与感受，与孩子共情。

下面，我们先来看两个案例：

案例一：

女儿放学回到家后，对妈妈说："妈妈，今天上课的时候，明明是小硕先跟我说话的，我就回复了一句，结果老师当着全班同学的面批评我。哼，气死我了！"

案例二：

儿子十分气愤地对爸爸说："我最喜欢的遥控飞机被乐乐

弄坏了，以后我再也不想把玩具借给他，我要跟他绝交。"

当孩子对你这样说时，你会给出怎样的反馈呢？千万不要忙着否定孩子，说"这些都是小事儿""你也太小题大做了吧""别放在心上"。反之，父母应该先肯定孩子的感受，让孩子觉得你跟他/她是站在同一战线上的。

对于案例一中的情况，可以试着这样回复：

"你当时肯定觉得很尴尬、很委屈吧。我在上学的时候也遇到过类似的事情，所以很理解你的感受。我上课的时候跟同学借尺子，结果被老师批评，说我在课堂上乱说话，扰乱课堂秩序……"

对于案例二中的情况，可以试着这样回复：

"玩具被弄坏了，你一定很难过吧。换作我，我一定也会很难过。不过我想乐乐应该不是故意的。现在我们先看看玩具能不能修好；如果修不好，你又实在喜欢，爸爸就再给你买一个。"

　　在发生了一些事情之后，孩子有情绪是很正常的。父母既不要抑制孩子的情绪，也不能让孩子随意发泄。

　　当孩子向父母表达自己的感受时，父母要努力地倾听，获得孩子的信任。在孩子倾诉完后，父母就可以帮助孩子整理一下情绪，然后再以积极的方式向孩子提出解决问题的建议。

为孩子提供全面的精神支撑

孩子在成长的过程中，不可避免地会遇到挫折、不开心的事情，比如：被老师批评，考试没考好，喜欢的东西弄坏或弄丢了，跟好朋友发生了口角，等等。此时，父母就应当成为温暖贴心的情感指导者，成为孩子坚实的后盾，为孩子提供情感与精神方面的支撑。

放学后，禾禾一脸难过地回到了家。

"发生了什么事？"爸爸见禾禾不开心，主动问道。

"今天老师让我们写一篇作文，题目是'我的梦想'。我说我没有梦想，同学们都嘲笑我。"禾禾很委屈地告诉爸爸事情的来龙去脉。

爸爸耐心地继续问："爸爸记得你小时候的梦想是当宇航员，怎么现在说没有梦想呢？"

禾禾说："因为我知道只有成绩好才能实现梦想，虽然我也一直在很努力地学习，但成绩并不好，所以我现在没有梦想了。"

爸爸继续引导禾禾："其实并不是以后要成为一个伟大的人才算梦想。只要是你未来想做的、觉得有意义的事，都可以成为你的梦想。"

禾禾有点儿困惑地说："可是我还是不知道我的梦想是什么呀。"

爸爸说："那你在做什么的时候会感到开心，会觉得有意义，并想一直为之付出努力呢？你可以从这个方向思考你的梦想。"

禾禾认真地想了想，然后很开心地说："我知道了！我这就去写作文了。"

小学阶段的孩子对生活会有很多困惑，父母要给孩子以鼓励，让孩子增强自信心。虽然孩子的年龄小，但是糟糕的成绩、老师的批评、父母的否定都会让孩子变得自卑，给孩子带来伤害。此时，父母的理解与开导就显得尤为重要。

在孩子失落时，父母要做一个合格的倾听者，顺着孩子的心思去引出话题，而不要长篇大论地对孩子进行说教。给孩子一些思想上的点拨，简要地给出相应的建议，然后让孩子自己去思考应该如何面对这些事、接下来要怎么做就够了。当然，父母还应该鼓励孩子说出自己的想法，帮助孩子疏导不良情绪。

有些父母可能会有这样的体验：孩子长大了，慢慢地就不愿意跟父母分享生活中的一些事情了。其实，出现这种情况大多因为家庭的氛围不够轻松愉快。父母应该在平时就营造出轻松愉快的家庭环境，让孩子在家庭生活中感到自在，没有心理压力，可以与父母自由自在地交流。

如果你想更多地了解孩子的想法与情绪，那就试试给予孩子充分的自由吧。

1．不要过分干涉孩子

给予孩子充分的自由活动的机会，让孩子试着为自己的生活负责。当然，父母要做孩子坚实的后盾，当孩子需要帮助时，可以随时提供帮助。

2．不要过度保护孩子

让孩子独立处理自己遇到的困难。当孩子因为经验不足或者能力有限而无法处理时，他们会向父母求助，此时父母再帮忙也不迟。

3．不要对孩子施加过高的期望

如果父母对孩子的期望过高，当孩子无法满足这种过高的期望时，父母就很可能会觉得孩子"不行""太笨"，导致孩子的心理压力过大，伤害孩子的自尊心与自信心。

给孩子表达的机会

当看到孩子出现某些不好的行为时，很多父母的第一反应都是制止、责怪孩子，然后对着孩子喋喋不休地讲道理，却很少问一句："你为什么要这样做？"

也许在了解之后，你就会知道孩子出现这种行为是有原因的，所以我们首先要搞清楚孩子这样做的原因，理解孩子的情绪与想法。当然，此时的"理解"并不是说要认同孩子的行为，而是用心平气和代替发脾气，搞清楚事情的始末。

比如，在孩子推了别的小朋友后，父母了解情况后发现是别的小朋友先动手的，或者是别的小朋友先拿走了孩子的课本，此时孩子的推搡只是保护自己的一种方式，或许他们并不知道发生这种情况时该怎样正确处理。对此，父母可以这样跟孩子说：

"不能推其他小朋友。他先推了你，你很不开心吧，你可以告诉他'停下来，你这样的行为是不对的'。"

"原来是他先拿走了你的课本，你才推他的。爸爸知道你不是故意的，但是推人是不对的，你可以告诉他不能擅自拿别人的东西，让他把课本还回来。"

也许你曾经教过孩子遇到这样的情况要怎么做，可是孩子没有记住，所以他才会采取这种不恰当的解决方式，那也没关系，多教几次就好了。经过几次练习，孩子一定能掌握合适的应对方式。

有时候，孩子可能会沉浸在自己的世界中，嘀嘀咕咕说一些让人听不清的话，此时父母千万不要训斥孩子："别嘀嘀咕咕的！"或者冲着孩子发火："你能不能好好说话？嘟囔什么呢？"你如果认真去听，可能就会发现孩子一直在表达自己的需求。

上一年级的拓拓想要折一个结实的纸飞机，却忘记是怎么折的了，于是一直在小声地嘟囔："到底是怎么折的呢？我记得应该是这样折的啊！"

妈妈听到拓拓在念叨，就忍不住问道："拓拓，你在嘟囔什么呢？"

拓拓仍然沉浸在折纸飞机的世界中，就自动屏蔽了妈妈的问话。

妈妈又问了一句："拓拓，你想要折什么呢？"

"我明明记得飞机是这样折的，奇怪，怎么就是折不成呢？"拓拓继续自言自语道。

妈妈听到了"飞机"两个字，于是顺势说："妈妈来帮你，我们一起研究吧。纸飞机是不是应该这样折啊？……"

最终，在拓拓和妈妈的共同努力下，拓拓终于折成了纸飞机。

孩子遇到一些困难时，也会钻牛角尖。此时，父母不要总想着让孩子说清楚他到底要做什么，而应该试着另辟蹊径。比如，从孩子的只言片语中找到重点，或者主动开启与孩子正在做的事情相关的话题，从而将孩子从钻牛角尖中拉出来。

此时，父母可以采取如下话术：

"我们本来就是因为好玩才玩的，没必要闹脾气呀！"

"我们还是从这本书里找找答案吧！"

"遇到什么困难了？需要妈妈帮忙吗？你是不是想要折纸飞机啊？如果是这样的话，妈妈或许可以帮你。"

用平和的话语让孩子的思维从"做不好""完不成"中走出来，引导孩子说出他们的目的，表达出他们的感受，这样父母就可以更好地帮助孩子解决当前的问题。

当然，当孩子哼哼唧唧时，父母也要教给孩子一些道理，而不是任由孩子一直哼哼唧唧下去。但是在讲道理之前，父母要先安抚好孩子的情绪，等孩子能听得进父母的话时，再对孩子进行教育。

养育孩子本来就不是一件容易的事情，需要父母与孩子共同配合、共同努力，所以，教育不要急在一时，潜移默化中，你和孩子肯定会一起进步的。

问答小课堂：孩子不遵守约定怎么办

问：为什么很多时候孩子明明答应了，却不遵守约定呢？有一次，我带孩子去朋友家串门，在出发前，孩子答应我到了之后不会乱翻东西，可是刚到朋友家，孩子就到处看看、摸摸。我跟他说起之前在家里做的约定，他却丝毫不在意。虽然朋友一直说不介意，但是孩子的这种行为还是让我觉得在朋友面前很丢脸。下次再遇到这样的情况，我该怎么做呢？

答：在教育孩子的时候，我们都希望孩子能够说到做到，但我们往往会忽略一件事：做约定是为了约束孩子的行为，是为了让孩子明白某个道理。所以，父母不应该总是强调约定，而应该直接指出孩子的哪些行为是不妥的，应该如何做。比如："我们不能在别人家乱碰、乱翻东西，这是不礼貌的。"

在做约定时，孩子也许并没有真正明白父母所说的意思，但是迫于心理压力，或者担心自己不答应就会被批评，所以就稀里糊涂地答应了。而父母则觉得孩子答应了就要做到；当孩子做不到时，父母就会认为"我有理"，而去教育孩子，这很可能会导致教育的方向完全跑偏。当你想要和孩子做约定时，要充分考虑孩子能否做到，不要让约定变成父母的指令。

请你想一想，当孩子没有遵守约定时，你有多爱说"咱们不是说好了吗"这句话。要知道，此时你的教育重点不应该是强调"之前说好了"，而应该是纠正孩子的行为。

第二章

温柔教导，让孩子正确认识自己

父母要用成熟的教导方式引导孩子正确地认识自己，帮助孩子塑造自信心，让孩子有信心、有能力去处理自己在生活、学习、社交等方面遇到的问题。

好孩子是肯定出来的

　　每个人都需要他人的肯定，孩子自然也不例外。但是夸奖孩子"做得好！""你真聪明！""你真棒！"往往没有什么效果，因为这些夸赞是很笼统的，还容易让孩子给自己贴上某种标签。

　　比如，父母经常夸赞孩子聪明，当孩子没有做成某件事时，有一部分孩子可能就会觉得是因为自己不够聪明，而不聪明这一点自己无法改变，索性就放弃尝试；还有一部分孩子为了能够继续维持"聪明的人设"，便拒绝做那些看起来有点儿难度的事情。

　　有效的夸奖是夸得越具体越好。通常来说，父母要夸孩子的态度、努力与进步，让孩子觉得能否成功是取决于自己的，从而建立正确的认知。

比如，当你想夸孩子"做得好"时，不妨换种说话方式：

"这支舞蹈的确有难度，不过你没有直接放弃，而是愿意接受挑战，妈妈为你这样的行为感到骄傲。"（夸态度）

"我注意到你练习了这支舞蹈很多次，也很注重对细节的打磨，真的做得很好。"（夸努力）

"之前你无法完整地跳出这支舞蹈，没想到现在已经跳得这么熟练了，进步真大！"（夸进步）

重视过程的夸赞会让孩子认识到那些暂时做不到的事情是可以通过努力来实现的，孩子可以充分地看到自己成长的可能性，从而更愿意接受有挑战性的任务。

当然，在夸奖孩子的时候要贴合实际情况，不要过度夸赞，以免显得虚假，反而让孩子不信任父母的话。比如，当孩子的舞技并没有明显的提升时，如果你为了安慰孩子而硬夸"你很棒，已经进步很多了"，那得到的回答就很可能是

"不要，我不喜欢您这样说"。

父母在夸赞孩子时要注意以下三点原则。

1. 夸赞要真诚，实事求是

一件事情是否完成了，完成得是否足够好，孩子会有自己的判断。如果实际情况是孩子并没有很好地完成，那么父母夸孩子"你很棒"反而会适得其反。

如果你想要安慰孩子，那就不要违心地说违背事实的话，试着去夸孩子的态度、努力以及真实的进步吧。实事求是的夸奖才是孩子真正愿意听的。

2. 夸赞要具体

夸赞的内容越具体，孩子就越能看到自己的优点，也就会越自信。比如在前面的例子中，可以这样说："虽然这支舞蹈对你来说很难，但是你没有放弃，练习了好久，我相信再多练几遍，你一定能学会。"这就是对态度和努力进行的具体的夸赞。

3．夸过程，不夸结果

我们在平时的工作、生活中，已经逐渐形成了结果导向的思维，认为达成某个结果就是好的，没有达成某个结果就是没用的。虽然我们也知道过程同样很重要，有助于积累经验，但是如果我们在不经意间将这种结果导向的思维传达给孩子，就会给孩子的认知带来极大的冲击。

比如当孩子考试考了满分时，如果你夸"考了100分，太棒了！"，孩子就会觉得自己只有考100分才棒，没有考到100分就是不棒的。所以要夸过程，而不要夸结果，你可以这样说：

"我知道你为了这次考试做了很多练习，付出了很多努力，这个满分就是你认真学习的证明。太棒了！"

父母要让孩子认识到：结果不是评价一个人的唯一标准，过程同样很重要。

帮助孩子进行客观的自我评价

　　自我评价是自我意识的一种表现形式，指的是人们对自己的思想、愿望、行为和个性特点的判断与评价。简单来说，孩子的自我评价指的就是孩子怎么看待自己。

　　进入小学后，孩子的自我评价会从主观笼统的方面逐渐过渡到客观分析上，比如：评价从"我很优秀"转变为"我学习成绩很好，所以我很优秀""我热心帮助别人，同学和老师都很喜欢我，所以我很优秀"。评价的范围也会从个人特征、行为、品质逐渐扩展到人格特质、与同学或朋友之间的比较等方面，他们会开始看到自己的优势与不足。孩子如果对自己的评价不够客观、积极，就可能会表现出自卑、觉得自己不够好、害怕犯错等。比如：

"这么简单的题都会答错，我太笨了。"

"竞选儿童节主持人却落选了，我什么都做不好。"

"我的钢笔丢了，怎么办啊？"

当孩子做出负面的自我评价，觉得自己不够好时，这是孩子真实的感受。不管是否认同孩子对自己的评价，我们都无法否认孩子此刻的感受。那么，我们要怎么帮助孩子进行客观、积极的自我评价呢？

1. 接纳孩子对自己的负面感受

孩子上了小学之后，随着其认知能力的提升与社交范围的扩大，他们的自信心也会受到影响，尤其是遇到一些挫折时，他们很容易认为是自己做得不够好。作为父母，我们首先要做的是接纳孩子的情绪，并告诉孩子：

"一件事暂时没做好也没关系，只要努力了就会有进步。你看，你在其他方面做得很好。"

很多孩子会觉得自己某件事没做好就意味着自己没价值，此时如果你还是笼统地告诉孩子"你的表现很好"或者"别人做这件事时也很容易出错"，是安慰不了孩子的，因为孩子此时把"某件事没做好"与"我什么都做不好"画了等号。

面对这种情况，我们不妨换位思考，针对具体情况去分析，比如：孩子到底为什么对自己不满？是因为作业没完成而被老师批评了，还是因为做错了题目导致考试没考好？

这个时候孩子本身就有着充足的内在驱动力，他们对自己的错误与失败很敏感，而父母要做的，就是提醒和引导孩子找到正确的纠错道路，避免孩子陷入自我怀疑的情绪旋涡中。

2. 引导孩子正确归因

归因，就是对结果的产生原因进行分析，即回答"为什么会出现这样的结果"。

根据归因方式的不同，可以将孩子大体分成两类。一类孩子将自己的成败归因于可控的因素：成功时，他们会觉得是因为自己努力了，所以获得了成功；失败时，他们会觉得是因为自己不够努力或者任务太难，不过他们会将失败看成自己继续努力改进的机会。另一类孩子则将自己的成败归因于不可控的因素：成功时，他们会觉得是运气好，但并不会太开心，因为下次就未必有这种好运气了；失败时，他们会觉得是自己太笨了，从而拒绝进行更多的尝试。

引导孩子正确归因，关键在于父母要引导孩子将成败归因于可控的因素，比如用"更努力""多练习""要专注"等取代"运气好"等。

很多父母都会对孩子寄予厚望，但是如果明明知道孩子的能力不强，还对孩子抱有太高的期望，就很可能会导致孩子发展成习得性无助，让孩子变得畏难、自卑，习惯性放弃，不能坚持做好一件事。所以，要帮助孩子进行客观的自我评价，父母也需要摆正心态，客观地看待孩子。

允许孩子犯错

　　无论做什么事，我们都希望自己能够做好，没有人想主动犯错，孩子也不想犯错。

　　可是当孩子犯错时，父母往往会觉得是孩子故意在跟自己作对，是孩子不够努力，因而会粗暴地责怪孩子：

　　"为什么这么简单的事情都做不好？"

　　"这么简单的题都做错了，你到底学了些什么？"

　　结果就是父母越责怪孩子，孩子就越做不好，甚至对自己失去信心。父母要认识到，孩子犯错通常意味着他们还欠缺某些知识或技能，而这正是他们需要父母帮忙的地方。

不要对孩子的错误横加指责，而应多问问孩子他们需要什么帮助。允许孩子犯错，孩子才会知道犯错并不可怕，某些事做不到也没什么，而且孩子也会在犯错中得到成长。

当孩子犯错时，请你试试这样对他说吧：

"没关系，下次继续努力就好了啊！"

"每个人都会犯错，这并不是什么大事，我们从中吸取经验，争取不再犯类似的错误就好了。"

"别怕，我相信你一定会成功的！"

孩子进入小学后，随着学习任务的加重，他们需要更加勤奋地学习。此时孩子有充足的内在动力，对待学习充满热情，同样也会对自己的错误与失败很敏感。当孩子犯错时，父母可以通过提醒的方式，把纠错的机会留给孩子，让孩子去发现错误、改正错误。

"我注意到有一个字你多写了一笔，你能找出来吗？"

"这道题确实需要好好分析才能找到正确的思路，你需要我帮忙吗？"

"有一道题最后的结果算错了，这太可惜了，计算的时候要细心啊！"

父母提醒孩子发现并改正错误，实际上是信任孩子的表现，让孩子觉得自己可以做到，即使做不到，也可以随时向父母寻求帮助，而不会受到指责。

在大多数情况下，孩子一犯错，尤其是在学习方面犯错，父母就可能会怒火丛生，指责孩子："一点儿都不动脑。""怎么这么笨？""什么时候能开窍？"……而这些不友善的话语，不仅起不到积极的作用，反而会让孩子变得自卑，认为自己做不到、做不好，进而抵触与父母的交流。

所以，从现在开始，做温柔、高情商的父母吧！好好与孩子交流，不要让自己消极的情绪影响孩子，对孩子友善点儿，再友善点儿。

提高情商，处理社交难题

人与人之间的相处有着最基本的礼仪。成年人不会在公共场合说一个人的坏话，也不会刻意联合别人去孤立一个人，但孩子的情感表达是很直率的，他们不喜欢一个人时，很可能会当面说："我不喜欢你，我不想跟你一起玩。"有些比较强势的孩子还会联合自己的朋友，让朋友也与对方保持距离："咱们不要跟他玩。"

在一个群体中，孩子有不喜欢的人是很正常的，这并不代表孩子没有很好地融入那个群体，也不代表孩子就是个坏孩子。

作为父母，我们不应该默许孩子的这种行为，而应该告诉他：

"我理解你不喜欢他，你可以不和他玩，这是你的自由。可是你不能要求其他人也这样做。"

　　"虽然你们是好朋友，但是你的好朋友跟你的想法也有可能会不同。"

　　"不要强迫你的朋友'不跟××玩'。"

　　孩子的想法是基于自己的感受的，他的感受与想法并没有错，但是让其他人按照他的想法去做，那就是不对的。父母需要让孩子明白这一点。

　　不论在什么样的群体中，都会遇到自己不喜欢的人，也很可能会遇到不喜欢自己的人。当孩子在社交中碰壁，比如其他同学拒绝和他一起玩时，父母可以让孩子这样说：

　　"那下次我们再一起玩吧！"

　　"别这么说，下次有机会再一起玩吧！"

　　虽然孩子这样说了之后，情况并不太可能好转，但是孩子将自己的想法表达出来了，那种社交受挫的感受就不会太过强烈。而且孩子也会在这些话语的安慰下逐渐平静下来，这对于孩子情商的提升也大有作用。

就像孩子可以选择不跟自己不喜欢的人玩一样，他们同样也可以选择不跟不喜欢自己的人玩，更没必要费心思与讨厌自己的人亲近。父母要培养孩子自己解决问题的能力，在面对一些社交难题时，孩子可以通过合适的话语让自己的内心更舒服。

帮助孩子处理冲突、化解冲突

对小学阶段的孩子来说，处理冲突是一件有挑战的事情；而教会孩子处理冲突，对父母来说同样充满挑战。

在孩子的成长过程中，父母和老师不会时时刻刻都守在他们身边，孩子会与周围的同学、小区里的孩子发生各种各样的接触，也就不免会与他们产生矛盾和冲突。那么，当孩子与他人发生冲突时，要如何处理呢？

一般来说，冲突发生得都比较突然，当父母得知消息时，冲突往往已经过去了。因此，很多时候父母能做的就是带孩子进行事后反思，让孩子知道再次发生类似的事情时，他应该如何应对。

父母可以与孩子一起讨论冲突发生时的解决办法，想一想，再发生这样的事情时，孩子可以采取哪些解决办法，并思考这些解决办法可能会带来的后果，即采取了这种办法后，对方会怎么做，然后选择一种对自己最有利的解决办法。

方法1：叫停，让冲突停止

当冲突发生时，双方很可能会动手，或者出言互相侮辱，此时叫停，可以让双方都冷静下来，从争吵的情绪中走出来。尤其是当一方比较强势时，弱势的一方更需要主动提出暂停，让冲突停止。比如当作业本被抢或者被嘲笑时，叫停可以避免矛盾升级。

方法2：离开当前的场景

如果孩子叫停了，但是对方并没有停止，此时孩子可以选择离开当前的场景，使自己少受伤害。毕竟在冲突发生时，孩子的安全是第一位的。离开这里，去做自己想做的事，不把时间浪费在无谓的事情上，也不失为一种明智的做法。

方法3：让对方道歉

孩子如果被欺负了，也可以要求对方道歉，让对方知道他的行为给别人带来了伤害，是不对的。

当然，如果对方很嚣张，不道歉，孩子就可以将这件事情告诉老师或者父母，在他们的帮助下解决矛盾。

孩子之间相处，很多冒犯行为可能是无心之举，如果对方并不是故意的，造成的后果也并不严重，比如被踩了一下脚，衣服被弄脏了或弄湿了，作业本不小心被撕坏了，等等，父母可以教孩子大度地原谅对方，以免冲突升级。当然，如果孩子自己觉得很不舒服，或者觉得被冒犯到了，那就采取上述方式来解决吧。

问答小课堂：怎么处理两个孩子间的矛盾

问：最近发生的一件事让我对自己的教育观产生了怀疑。我有两个孩子，弟弟和姐姐在玩耍的时候，弟弟不小心用玩具打到了姐姐，姐姐应该是被打疼了，一直哭个不停。我让弟弟跟姐姐道歉，弟弟很快就道歉了，但是姐姐没有回应，我便对姐姐说："弟弟已经向你道歉了，快点儿说'没关系'啊！弟弟也不是故意的，你应该原谅他。"可是姐姐并没有止住哭声，仍然觉得很委屈，一句话也不说。面对这样的情况，我要怎么做呢？

答：教孩子学会道歉和原谅并没有错，但不应让"对不起"成为为错误开脱的借口，也不应在孩子情绪尚未缓和时就强迫孩子说"没关系"。如果我们不等孩子的情绪缓和，就让他原谅对方，他肯定会觉得很委屈。

　　如果我遇到了这种情况，我想我会对姐姐说："弟弟已经知道错了。你还是觉得很疼对不对？那你可以想一想要怎么处理这种状况，或者可以等你不疼的时候，我们再来沟通。"

第三章

父母好好说话，孩子才会听话

倾听也是一种表达。即使你并没有给出什么建议，但是倾听并引导孩子去表达，耐心地听孩子把话说完，孩子的内心也会感到温暖和满足。

理解孩子内心的不安，不说伤害孩子的话

很多父母在与孩子交流时，会刻意避免说那些辱骂孩子的话，他们觉得只要自己用语文明，就不会伤害到孩子。其实不然。很多话虽然看似没有侮辱性的词汇，但却同样会影响孩子的情绪，给他们的心灵造成伤害。比如：

"你到底能做什么呀？"

"怎么这么不小心……"

"你不需要知道。"

"为什么这么简单的题都不会做呢？"

"听进去了吗？"

"到底还要我说多少次啊？"

"这样下去，你考不上大学的。"

……

　　仔细分析这些话，你会发现这些话大多是针对结果而言的，忽略了孩子所做的努力。当孩子的辛苦付出没有取得好的结果时，父母随意的一句否定的话就会深深地伤害孩子。有时候，父母可能根本不记得自己说过这样的话，但是受到伤害的孩子却会记忆深刻。

　　有时候，父母在心平气和的状态下说出的话也可能会让孩子感到害怕，比如：

"不努力学习的话，你以后就会过得很辛苦。"

"这次考试一定要考95分以上，爸爸小时候可是总拿满分呢！"

"你以后想当医生，是吗？那一定要好好学习，不然是无法实现梦想的。"

　　这些话听起来并不带有责备的语气，但却会让孩子感到满满的压力，甚至有时候父母脱口而出的类似的话，会让孩子对学习、考试感到恐惧，仿佛一次考试失利就预示着未来的失败。

如果你想让孩子好好学习，那就就事论事，不要拿遥远的未来说事，这只会让孩子感到不安。没有人会时时刻刻都表现得很完美，所以，在跟孩子说话的时候，父母应该多关注当时、当天的事情，不要夸大其词，不要为了督促孩子而危言耸听；否则只会适得其反。

当孩子很好地完成了当天的事情后，父母可以说："今天的事情都完成了，做得真好！"

当孩子没有完成某件事情时，父母可以针对这件事情询问原因，比如："今天的语文作业到现在还没写完，发生什么事了？""今天的练琴任务没有完成，是遇到什么困难了吗？"

父母要引导孩子自己去找原因，然后鼓励孩子针对这些原因去找相应的解决办法，让孩子学会自我调节，而不是根据结果去片面地评价孩子。那些会伤害孩子的话，说多了就会成为口头禅，你可能并没有意识到自己说错了，但这对孩子造成的伤害却是实实在在的。

如果你并不清楚自己所说的哪些话伤害到了孩子，不妨和孩子开诚布公地谈一次，直接让孩子将他的想法与感受反馈给你。比如："平时妈妈说过的话，有什么是让你感到伤心的吗？""你希望妈妈不要再对你说哪些话呢？"

孩子对父母带有天然的信任感，他们对父母的信任与爱是无条件的，所以也请父母们不要打着"为孩子好"的旗号，说伤害孩子的话了。即使你现在才意识到有些话可能伤害了孩子，那也不晚，就从现在开始改变你的说话方式吧！

控制脾气，愤怒来袭时少说话

"有没有什么方法能让父母在与孩子聊天时不生气？"很多父母都期待有人能够给出这个问题的答案。可见，在跟孩子交谈或相处时会生气这件事，令相当多的父母感到苦闷和烦恼。

其实，父母在刚开始陪伴孩子时，是充满爱心与耐心的，但是随着时间的推移，父母的耐心会逐渐被消磨，此时，哪怕是碰到一些小事，比如孩子写错了一道题，孩子没有按要求将东西放好，等等，父母也可能会冲着孩子大吼大叫，试图发泄自己的情绪。事后父母又往往会十分后悔，责怪自己缺乏耐心。

有情绪是正常的，但这并不代表父母可以随意地冲孩子发脾气。我们虽然无法阻止愤怒情绪的产生，但是可以合理地释放自己的情绪，而不是将孩子当成出气筒。要知道，生气无法让我们摆脱消极情绪，而这种消极情绪也会影响孩子，让孩子感到不安、焦虑。

因此，父母感到愤怒时，不妨试着通过以下方式来处理。

1．明确告诉孩子你生气的原因

在日常生活中，我们经常会以己度人，认为别人和自己的想法一样，别人应该知道自己的想法，但很显然，这是错误的。

在与孩子相处的过程中，很多父母会产生"孩子应该知道我为什么生气"的想法，而实际上孩子并不清楚父母为什么会生气。所以，作为父母，我们不要让孩子不安地揣测我们的想法与情绪，而应该明确地告诉孩子我们为什么生气、他哪里做错了。

教育孩子的目的不是责备孩子，而是让孩子改正错误。如果只是为了发泄自己的情绪，这对于孩子的成长并没有什么意义。

2. 简单明了地指出问题

愤怒会愈演愈烈，如果你沉浸在这样的情绪中，就很难走出来。所以，不管你是因为什么而生气，只要指出这部分的问题即可，这样可以让孩子有针对性地去解决问题。比如：

"我们说好看完这一集动画片，你就去做作业的，可是你并没有遵守诺言。"

"你可以不吃饭，但是你不能把饭倒在餐桌上。"

我见过很多生气时喜欢翻旧账的父母。本来是很小的一件事，但是父母因为生气而不停地细数孩子以往犯的错，导致孩子越听越不耐烦，甚至变得叛逆。结果不仅这一件小事没解决，而且亲子关系变得更恶劣了。

父母都很爱孩子，但又很容易冲孩子发火，这往往是因为父母混淆了"爱"和"占有欲"，在潜意识中将孩子当成了自己的"私有品"。父母要知道，孩子也是有自己的想法和情绪的。父母对孩子说话的声音越大，越容易让孩子产生无力感，长此以往，孩子很可能会变得焦虑不安。

我倡导温柔的情绪教养，是希望父母可以管理好自己的情绪，不要让自己的坏脾气影响了孩子。所以，当怒火上来时，你先试着少说话吧，就事论事，对事不对人。我相信，经过一段时间的尝试后，你会发现，原来情绪平和地对孩子说话并没有那么难，而孩子似乎也变得比之前更懂事了。

说温暖的话，建立亲密的亲子关系

什么样的话算是温暖的话呢？难道要将"我爱你""你是我的宝贝"这样的话挂在嘴边，天天对着孩子说吗？这可不现实啊！看到这一节的标题，想必你也有同样的疑惑。

其实，所谓温暖的话，指的就是那些能给孩子带来积极情绪或者促使孩子积极行动的话：在孩子表现良好的时候，那些称赞的话；在孩子失意的时候，那些鼓励的话；在孩子伤心难过的时候，那些安慰的话；等等。这些温暖的话不仅能帮助孩子走出当前的困境，还能让孩子愿意与父母说知心话，共建亲密的亲子关系。

1. 说称赞的话

在与孩子相处的过程中，你会经常称赞孩子吗？我们都希望孩子能得到别人的称赞，但是自己在称赞孩子方面却表现得很吝啬。称赞代表着一种肯定，肯定孩子的努力付出，肯定孩子所取得的成绩。有些父母担心经常称赞孩子会让孩子变得骄傲自满，于是经常用打击孩子的方式让孩子继续努力，其实这种做法是不恰当的。

只要称赞得当，出自真心，能让孩子感受到父母对自己的信任与期待，那么称赞不仅不会让孩子停止前进的步伐，还会给他们增加动力，让他们更勇敢、更自信地去面对生活与学习中的困难。所以，不妨多对孩子说些称赞的话吧，比如：

"哇，这么难的题目你都做出来了，你好厉害！"

"果然，我就知道你能做到！"

2．说鼓励的话

鼓励与称赞一样，能让孩子更自信、更好地应对眼前的难关。通常来说，称赞是在孩子取得了某些好的结果时，父母给予的正向反馈；而鼓励则是肯定孩子努力的过程，即使最终的结果不如预期，鼓励也同样可以发挥作用。

孩子们经常会犯错，比如回答问题的时候可能会出错，跳舞的时候可能会跟不上节拍，唱歌的时候可能会跑调……每当孩子面临这种困境时，他们都会对自己的失误格外敏感，尤其在意他人的眼光与看法。此时，父母的责备会让孩子觉得自己很丢人，让孩子更加自责；而鼓励则可以让孩子消除内心的羞耻感，让他们勇于接受不好的结果，并在下一次有机会时还能勇敢地挑战。

所以，多多鼓励你的孩子吧！这样孩子会知道"犯错了也没关系"，从而拥有满满的安全感。以下是一些常见的鼓励话术：

"不要紧，没关系。"

"下次继续努力，我们相信你会成功的。"

"即便结果没有那么好，我们也仍然对你充满信心与期待。"

"有赢就有输，这并不丢人。"

"没关系，就当是中场休息一下。"

当然，孩子难免会因为这样那样的事情而感到伤心，给予孩子充分的时间释放自己的情绪，有助于让孩子从这种悲观消极的状态中解脱出来。

如果你实在不知道要对孩子说些什么，那就用身体动作来鼓励孩子吧。比如：递给孩子一张纸巾，拥抱孩子，轻拍孩子的肩膀，等等。孩子同样会从你的这些行为中受到鼓励。

3. 说安慰的话

当孩子受挫而伤心时，安慰孩子的关键是帮助孩子减轻心理负担，让孩子认识到产生这样的结果并不全是他们的责任。比如，当孩子跟某个同学相处得不融洽时，父母可以这样安慰孩子："要想跟每个同学都相处得很好有些难，没关系，慢慢来。"当孩子跟不上学习进度时，父母可以这样说："妈妈会跟你的数学老师沟通，看看是不是你的学习方法存在问题。"

很多时候，在处理孩子的社交、学习问题时，父母应给予孩子充分的自主权，但孩子毕竟还小，当他们无法处理时，父母还是需要帮助孩子减轻心理负担，让孩子得到安慰。

孩子是在经历一件件事情的过程中成长起来的，不溺爱孩子是教养孩子的准则，但不溺爱不等同于不称赞、不鼓励、不安慰。父母要多说温暖的话，让孩子知道父母永远是他们最坚实的依靠，给予孩子直面各种困难的勇气与自信。

站在孩子的角度看问题

对大多数父母来说，要真正地站在孩子的角度看问题，是一件非常困难的事。父母阅历丰富，接收到的信息更繁杂，学识更广博，眼界也远远高于孩子。有些事情，父母很快就能找到解决办法；有些知识，早已深深刻在父母的脑海中。但是孩子不曾掌握这些信息，他们需要经过一天天的学习与积累，来逐渐完善自己的思维方式，提升自己的眼界。

正是因为存在这种思维方式上的差距，父母在与孩子沟通时会不经意间对孩子的反应慢、想不出感到费解，甚至认为孩子是故意在跟自己作对。

比如，在辅导孩子做作业时，孩子可能并没有理解题目的要求，而父母没有意识到这个问题，就会对孩子说："这里写得清清楚楚，怎么你就是不明白呢？"其实，很多练习册上的题目都是以成年人的思维模式去编写的，孩子如果有不理解的地方也很正常，这就需要父母站在孩子的角度，用孩子可以理解的语言去解释，而不是一味地强调"按照题目的要求去做""看看题目是怎么说的"。

父母站在孩子的角度看问题，会让孩子产生被尊重的感觉。因此，当你觉得孩子的某些行为不对的时候，千万别急着否定、批评孩子，不妨先去了解孩子的想法，问问他这样做的缘由：

"你能告诉我为什么要这样做吗？"

"对于这件事，你是怎么想的呢？"

"你这样做是想得到什么样的结果呢？"

有时候，孩子的某些行为看似不合理，但这很可能是他们出于好意而产生的行为，所以父母不要急着指责孩子。有时候，也许孩子是真的做错了，但是他们并没有意识到，所以父母要在了解孩子真实想法的前提下去教育孩子。

当然，我们说出的话不可能每句都经过了深思熟虑，在情急之时，情绪一旦失控，就很可能说出给孩子造成深深伤害的话。所以我认为，在与孩子针对某件事进行沟通时，父母一定要提前考虑下哪些话该说、哪些话不该说，不该说的话就千万不要说。

不知道你是否有过这样的经历：

周末的早上，孩子答应你会将自己的房间打扫干净，将柜子里的衣服摆放整齐，但是由于跟小伙伴们一起去踢足球、野餐，孩子玩到了很晚才回来。而你看到杂乱的房间，没忍住对孩子一顿责备。刚开始是责备孩子不遵守约定，没有把房间打扫好，说着说着就开始批评他学习不用功，只知道玩，写作业不认真，简单的题目都会做错……

而孩子因为未遵守约定产生的内疚心理，在你的责备声中一点一点消散，取而代之的是愤怒、不屑……

父母在与孩子说话时一定要注意分寸，不要为了逞口舌之快而影响了亲子关系。即使是在责备孩子的时候，也要只说该说的话，不说多余的话。

针对上述场景，如果你还是觉得应该好好教育一下孩子，不妨采取下面的话术：

"你为什么没有打扫房间呢？"（了解实际情况）

"现在你有什么感受？"（了解孩子的想法）

"妈妈理解你想要跟小伙伴们一起玩的心情，但我们还是要信守承诺，说到做到，你觉得对吗？"（站在孩子的角度沟通）

"那你觉得现在能做些什么呢？"（引导孩子弥补过错，继续遵守约定）

在日常的对话中，我们无法按照标准的对话模板去跟孩子对话，那就拿出时间，怀着真挚的心，与孩子平和地进行沟通吧！让孩子多说，交谈得越深入，我们对孩子的理解也就会更多一分。

善用引导的力量，让孩子多表达

在与孩子沟通的过程中，很多父母都是自己说得多，孩子说得少。其实，让孩子多表达对于构建良好的亲子关系十分重要。

请你仔细地回想一下自己与孩子谈话的场景，然后思考这几个问题：你是否曾经因为对孩子所说的内容不感兴趣而敷衍他？你是否曾经打断过孩子的讲话？你是否曾经因为孩子反复谈论一件事而感到心烦？

如果你的回答是"否"，那么恭喜你，你做得很好，请你继续保持下去；如果你的回答是"是"，那么我想你已经找到孩子不愿意跟你谈话的原因了。

沁沁的舞蹈跳得很好，班主任就推荐沁沁做学校春季运动会的开场舞的领舞。

为了不出丑，不给班级丢脸，沁沁最近每天放学后都会练习跳舞。但是随着校运会的临近，沁沁不免有些紧张，而她一紧张就跟妈妈说个不停。

"妈妈，万一我跳错了怎么办？同学们会不会嘲笑我啊？""我是不是应该再多练习几遍？万一我跳着跳着忘了动作怎么办？""我能不能不做领舞了？可是，我已经答应老师了。"……

面对紧张的沁沁，妈妈说："好了好了，没什么可紧张的，不是什么大事。"然后，妈妈就去忙自己的事情了。

虽然沁沁依旧很紧张，但是妈妈的态度让她没了谈话的兴致。

孩子愿意跟我们交流，这是一件好事。当孩子想要跟我们分享一些事或者表达自己的心情时，我们都应该耐心地倾听，让孩子对我们充满信任感。在孩子说话的时候，我们也要根据孩子讲的内容与孩子的情绪变化给予适当的反馈，比如点头、竖起大拇指、皱眉思考、摸摸孩子的头等，让孩子知道你在认真地听他讲话。

如果你有要紧的事情去做，那就先明确地告诉孩子你需要一点儿时间处理自己的事情，然后再好好地跟孩子沟通，千万不要敷衍孩子，以免打击孩子跟你沟通的积极性。

当然，由于性格不同，有些孩子会主动跟父母聊自己在学校发生的趣事，自己与朋友之间发生的事情；但有些孩子可能并不会主动提起类似的话题，这就需要父母引导孩子去分享生活中的点滴，让孩子多表达，从而可以更好地了解孩子。

引导孩子说话，父母要注意以下几点。

1．有耐心，等待孩子表达

有时候，孩子在表达自己的想法时，可能找不到合适的词，或者说话断断续续的，不太连贯，这就需要父母充满耐心，不要催促孩子，更不要代替孩子说出来；等孩子把话说完了，如果还有没听懂的地方，父母可以再跟孩子沟通。

2．从周围的人或事谈起

父母在与孩子沟通时，如果直接问孩子学了哪些知识，有时候很可能会得到孩子敷衍式的回答，或者会让孩子觉得父母在监督他，容易引起孩子的反感。在这种情况下，父母可以先从孩子周围的人或事谈起，激发孩子说话的欲望。比如：

"听帅帅妈妈说，帅帅上课的时候积极回答问题，还得到了老师的夸奖呢！"

"今天的体育课上，有发生什么好玩的事情吗？"

"妈妈上小学的时候，参加校运会的400米赛跑拿到了第一名呢，我还记得当时的奖品是一个文具盒。你有什么想报名的项目吗？"

当孩子对你提起的话题给予回应后，你就可以根据孩子的回答顺势展开下一话题，或者在这个话题的基础上扩展，将话题逐渐转移到孩子身上。

如果父母可以耐心地跟孩子进行沟通，孩子能感觉到自己被重视，也能感受到父母对自己满满的爱与支持，他就更容易将父母看成自己值得信赖的朋友。

问答小课堂：玩笑话对孩子来说意味着什么

问：前几天有亲戚来我家里做客。亲戚看到我儿子时，想起了我儿子小时候的趣事，说："我记得这孩子小时候学骑自行车的时候，使劲蹬脚蹬，结果裤子开裆了。"大人们在哈哈大笑着，可是我儿子却瞬间变了脸色，居然没说一句话就回自己卧室了，弄得我们很尴尬。面对玩笑话，儿子是不是太敏感了呢？

答：对孩子来说，这很可能是一件糗事，是一件伤自尊的事情。大人们将这件事用开玩笑的方式讲出来，这在孩子的潜意识之中，应该算是轻微的语言暴力。这样的玩笑会伤害孩子。

有时候孩子并不能很好地区分真心话和玩笑话，而那些所谓玩笑话，通常会让孩子感到害怕、害羞，甚至会刺伤孩子的自尊心。所以，这并不是孩子太敏感，小题大做，而是他们在用这种方式向你传达自己的感受。

请你试着站在孩子的立场上，理解他的无奈、无助，保护孩子的自尊心吧。

第四章

管理情绪，不要忘记初衷

相比反向的批评，正向的安慰显然更温暖、有效。所以，请你管理好自己的情绪，让孩子感受到你浓浓的爱意吧！

想发火时，及时按下"暂停键"

孩子在成长的过程中，总会因为各种各样的原因给家长带来一些麻烦，比如：孩子把镜子当成画板，用水彩笔在镜子上涂涂画画；孩子看到地上有水就故意去踩，结果把衣服都弄湿了；同一类型的题目明明讲过很多次，但孩子再做时还是会出错……

面对这些情况，父母也知道要控制自己的脾气，但当怒火涌上来时，他们便失去了理智，冲着孩子大喊大叫。而在事情过后，他们回想整件事情时，又会陷入深深的自责，觉得自己太过小题大做，并寄希望于自己的反应与行为并没有给孩子带来伤害。

在情绪被引爆的那一瞬间，如果父母可以很好地控制住脾气，就会感觉到自己的怒火值是在逐渐下降的。所以，在遇到令自己愤怒的事情时，如果你想要发火，请你先对自己按下"暂停键"，缓冲一下自己的情绪再做出回应吧！

具体可以采取以下方法。

1. 数数儿

当你想要批评孩子时，不妨将批评的话换成数字吧，用数数儿的方式让自己的情绪逐渐缓和下来。可以试试从1数到10，如果还不行，就数到20，数到30。当然，为了延长数数儿的时间，也可以用英文来数。

数数儿没有上限，你可以根据自己的实际情况一直数下去，直到自己心情平和，可以跟孩子好好地沟通为止。

2. 去冷静角

在孩子犯错时，很多父母都会让孩子去冷静角进行自我反省；其实，父母也同样需要一个冷静角。有些父母在生气时会摔东西，而且看到孩子会更生气，这时不妨暂时离开当前这个令自己愤怒的场景，主动去冷静角冷静一下，等慢慢恢复理智后，再与孩子沟通。

有时候，父母已经暴跳如雷，但是孩子却不知道父母为什么生气，不明白自己做错了什么，又或者认为做某件事没什么大不了，不值得父母大发雷霆。如果遇到这种情况，那么父母更应该重新审视一下令你生气的整件事，看看令你生气的关键点在哪里，然后再将你的感受与想法告诉孩子，让孩子知道你的界限在哪里。

3. 看孩子的优点

我们每天都有很多的事情要操心，如果孩子惹麻烦了，我们很可能会将怒火一股脑地冲着孩子发出来。其实有时候转念一想，很多事情并不算什么大事。所以，在感到愤怒、情绪烦躁的时候，你不妨看看那些会令你心情愉悦的东西，比如孩子获奖的照片、全家一起高高兴兴出游的照片等。

当然，为了能及时止住你的怒火，这些东西平时就要放在显眼的地方，你在情绪烦躁时，有意识地看一眼，然后延迟一会儿再做出反应。虽然这个过程很短暂，但我相信你的心情一定会有所改变的。

不要把焦虑转嫁给孩子

在现代生活中，压力几乎无处不在，焦虑也如影随形。如果令人烦躁的事情过多，有的父母很容易就会变得心浮气躁，甚至会将自己的焦虑转嫁到孩子身上，对孩子发脾气；还有的父母虽然不会冲着孩子大吼大叫，但是会唉声叹气，做事缺乏激情，这样也会使孩子受影响而变得焦虑、烦躁。

孩子在生活和学习中也会有各种各样的烦恼，他们会因为自己的学习成绩不好而感到焦虑，会因为与小伙伴产生了分歧而感到烦躁。而父母是孩子可以依靠的港湾，可以帮助孩子调节这种不良情绪。如果父母不仅不安慰孩子，反而将自己的焦虑情绪转移给孩子，那么孩子就会变得更焦虑不安。

在孩子面前，父母可以表达自己的情绪，但要适当地控制，尽量调节负面情绪，以减少对孩子的不利影响。那么，父母要怎样缓解自己的焦虑情绪呢？可以试试以下方法。

1．将焦虑的事情存档

作为成年人，我们需要调控好自己的情绪，如果令你心烦的事情一时半刻还解决不了，那就试着先将这件事情"存档"，使自己暂时从焦虑的状态中解脱出来，给自己一段时间重新梳理、看待整件事。这样，你在陪伴孩子或者做其他事情的时候，就可以暂时不去想这件事，也就可以避免将负面情绪带给孩子了。

当然，要做到这一点并没有那么容易，毕竟我们不是机器，这需要我们花时间和精力慢慢地锻炼。等下一次，当你因为某些无法快速解决的事情而感到心烦时，不妨试试这个方法吧！但要注意，该解决的问题最终还是要解决的，这个方法只是让我们在焦虑之时暂时停下来，然后再以平常心去看待问题，解决问题。

2. 做自己喜欢做的事情

做自己喜欢做的事情可以让人心情愉悦，逐渐淡化焦虑情绪。我们都是凡人，遇到问题产生焦虑感是正常的，此时不妨做一些能淡化自己焦虑感的事情。

如果你喜欢烘焙，那就做几款小点心；如果你喜欢听音乐，那跟随着音乐节奏舞动是不错的选择；如果你喜欢读书，那就找几本自己想看的书。或者是刷刷视频、看看剧，抑或是网上购物，只要是对你有用的方式，都可以试试看。

要知道，父母是孩子最好的榜样。当孩子看到父母可以轻松地享受生活，可以平静地应对生活中令自己焦虑的事情时，他们同样会学习这些技能，在面对挫折、困难时就不会一蹶不振。

当孩子的学习成绩不尽如人意时，父母不要总是责备孩子"学习不用功""以后找不到好工作""为什么隔壁的××就能考高分，你就不行"，更不要拿自己的付出去威胁孩子，如"我做了这么多，你怎么就是不知道好好学习"。

对孩子来说，一次两次的考试失利可能并不算什么大事，可是父母对待他们的态度会深深地影响他们。父母一定要注意，不要将自己的焦虑转嫁到孩子身上，而要试着让孩子用轻松、认真的态度去面对他们遇到的问题，帮助孩子解决问题，重拾自信。

请你试着这样对孩子说吧：

"考试没考好也没关系，把错题弄懂，争取下一次不犯同样的错误就好了。"

"妈妈也曾经因为考试成绩不好而沮丧，但这并不会影响我们变优秀。"

"有焦虑情绪是正常的，说明你有上进心，这是好事。但要注意，不要让这种焦虑影响了你的生活和学习。"

"爸爸偶尔也会焦虑，也会有缺乏自信的时候，别担心，这只是暂时的。"

不啰唆，给孩子反省的空间和时间

在孩子小的时候，父母总会反复地说同一件事，比如告诉孩子"危险的物品不能碰""吃热的饭菜前要先吹一吹""出门前要穿好衣服和鞋子"等，这都是父母对孩子无微不至的照顾的体现。可是随着孩子年龄的增长，如果父母还是对同一件事反复说个不停，孩子就会觉得很厌烦。

比如在考试前，父母经常对孩子说："这次的考试很重要，一定要好好准备，以平常心应考，这几天就不要再看电视了。"虽然看起来是安慰的话，但父母的反复强调会让孩子产生这样的想法："这次的考试我一定要好好发挥，这太重要了，我根本不敢想自己考砸了会怎样。"在这样的想法下，孩子很可能就会失眠、焦虑，因为担忧自己考不好而无法全神贯注地复习。

唠唆、唠叨在很大程度上就是反复强调，父母强调的次数越多，孩子就会觉得父母很在意这一点，从而也对此十分在意。而且，有时候父母的唠唆中还包含着责备，这会让孩子觉得很委屈，再加上叛逆心理的作用，孩子很可能就会对父母说的话表现得不在意甚至出现反抗的行为。

所以，不要做唠唆的父母，请你控制自己反复强调的想法，换一种更有效的方式来和孩子沟通吧。你会发现，原来有些话说一遍比说十遍还管用。那么，在教养孩子时，父母要怎样说、怎样做才能避免唠唆呢？可以参考以下两种方式。

1. 简单提示，引发孩子思考

在教育孩子的时候，很多父母都忍不住多唠唆几句，但事实证明，唠唆不仅不能达到预想的效果，反而会使现状变得更糟。要想改变这个习惯，在教育孩子时就要有意识地让自己少说话，挑重要的话说。

要想通过三言两语就让孩子将父母的话听进去，父母要精准地抓住孩子的心思，将自己的教育目的与孩子在意的点联系起来，从而引起孩子的思考，让孩子做出正确的行为。

比如，孩子总是先看电视，很晚才开始写作业，父母就可以说："晚上是生长激素分泌的高峰期，早点儿写完作业，早点儿睡觉，才能长个子哦！"（这样说对重视身高的孩子比较有用。）

再比如，孩子不喜欢刷牙，但是又比较看重老师对自己的评价，那父母就可以说："×老师说牙齿刷干净的小朋友更清爽。"

说完之后，父母就不要再过多地关注孩子的行为，更不要指指点点，而应该给孩子一段时间去思考，从而做出改变。

2．用行为引导行为

孩子的模仿能力很强，父母想要避免啰唆，不妨从自己的行为入手，用自己正确的行为加以引导，做给孩子看。

孩子的规则意识是很强的，如果父母只是制定规则，而自己并不遵守，却让孩子遵守，孩子自然会不服气，从而出现不听父母的话、叛逆等行为，比如：父母不让孩子玩手机，自己却拿着手机看个不停；父母不让孩子吃冰淇淋，自己却经常吃冰淇淋；父母不让孩子抽烟，自己却没有戒烟；等等。

其实，想让孩子遵守规则，父母的做比说更重要。如果父母只说孩子，自己却做出与言语相反的行为，只会让孩子对父母的劝说更加反感。因此，将你的行为当成无声的语言，带领孩子一起战胜坏习惯吧，这比啰唆管用多了。

我们都知道，在学习上遇到了不会做的题目，需要自己去思考，弄懂其中的原理，在生活中遇到事情也是如此。父母说再多遍，如果孩子不理解内在的逻辑，不规范自己的行为，类似的错误还是会再犯的。而且，父母针对同一件事反复对孩子进行说教，不仅不会让孩子觉得自己做错了，反而会让孩子觉得父母不依不饶，一件小事也要斤斤计较，说个不停。

如果你也是啰唆的父母，那就从现在开始慢慢改变吧！不要总是长篇大论地教育孩子，你要相信，对于很多事情，孩子都有自己的思考与判断。如果你担心孩子的想法有误，那就将你的想法与希望简短地表述出来，然后让孩子自己去思考、反省吧！

树立情绪平稳的榜样

在与孩子相处的过程中，父母会受到孩子情绪的感染，同样，孩子也会被父母的态度、情绪影响。孩子的性格固然会受到先天遗传因素的影响，但是后天环境的影响同样不可忽视。

有些孩子，可能小的时候性格不急躁，但是在父母不断的催促下，或者在紧张的家庭氛围中成长，就逐渐形成了做事风风火火的急躁性格；有些孩子，可能小的时候并没有那么大的脾气，可是父母总对其发火，遇事急躁，结果孩子有样学样，也变得暴躁起来了。

作为父母，我们要给孩子树立好榜样，帮助孩子调节自己的情绪，做到情绪平稳。那么，我们具体要怎么做呢？可以从以下三个方面入手。

1．捕捉孩子的情绪信号

当孩子闹脾气的时候，父母一味地说教并不会起到太大的作用，反而会让孩子反感，甚至厌烦。因此，父母需要关注孩子的情绪状态，捕捉孩子的情绪信号，让孩子知道父母一直都在关心他，父母很重视他。

比如，父母可以对孩子说："我看到你皱着眉头，表情凝重，你一定很难过吧！"这种充满细节的描述会让孩子意识到自己现在的情绪状态，并对父母的共情产生认同感。

父母要识别并接纳孩子的情绪，观察孩子的身体语言等，从而捕捉到孩子的情绪信号，帮助孩子调节自己的情绪，做到心态平和。

2．引导孩子进行情绪表达

很多时候，孩子并没有找到合适的方式表达自己的情绪，父母要做的就是与孩子沟通，让孩子认识到自己的表达方式不合适，并帮助孩子找到更好的方式来表达情绪。

比如，当孩子生气的时候，父母可以说："生气是很正常的情绪，我也会有生气的时候。但是你要知道，生气可以，生气的时候冲着别人发火是不可以的。我生气的时候会拿枕头拍床，你也可以试试这种方法。"

在整个过程中，父母要注意语气平和，不要过于急切地表达你的期望，而应该先安抚好孩子的情绪，这样孩子才能听得进你说的话。

3. 进行情绪管理强化训练

不管是家长还是孩子，要管理好情绪，在实践中进行情绪管理强化训练是不错的方式。

所谓情绪管理强化训练，就是将你能想到的有效的控制情绪的方法应用起来，当负面情绪产生时，将这些方法变成切实落地的行为，从而使你和孩子的情绪管理能力在一次次的强化中得到成长，找到合适的发泄情绪的方式。

比如，可以将自己的心情画出来，可以描述一下自己此时的感受，也可以通过听音乐的方式舒缓情绪，抑或是通过运动的方式来发泄情绪。

总之，在与孩子相处的过程中，父母要树立一个良好的榜样，在生活中不急不躁。即使在面对急躁的孩子时，父母也要用温和的语言和平和的语气去应对。

如果你自己的性格就比较急躁，那就要试着控制自己的情绪，毕竟孩子会模仿你的负面情绪宣泄方式。如果你的言行不一致，对自己和孩子采用双重标准，那孩子很可能不会信服你，也不会遵从你所说的那些方法，这会导致情绪管理的结果很可能不尽如人意。

不打不骂，用心教育

当孩子做错事时，有些父母会因为不知道如何教导孩子而采取打或骂的方式，但是打骂孩子并不能让孩子真正认识到自己哪里做错了，所以收效甚微。而且，父母通过打骂的方式来教育孩子，这种行为更像是在发泄自己的情绪。

要教育好孩子，父母一定要控制好自己的情绪，要知道，教育孩子的最终目的是让孩子知道自己错在哪里，应该怎样改正。父母把自己的情绪控制住了，用心去和孩子交流，这种温柔而有力量的教养方式会让孩子更快地认识到自己的错误，并积极地去改正错误。

也许你也曾羡慕过别人家的父母，觉得别人家的小孩很优秀，好像从来不会犯错，也不会惹父母生气。其实，并不是别人家的小孩不会犯错，而是在他们犯错后，他们的父母会采取合适的方式来教育。作为孩子最亲近、最信任的父母，我们要和孩子站在同一边，一起和错误对抗，而不是将孩子和错误等同起来，居高临下地批评孩子。

　　小菲是一位小学教师，在教育孩子的时候，她会充分尊重孩子的感受，不会动辄打骂孩子。

　　为了更好地教养孩子，小菲与孩子共同制定了一些规则。

　　在某些特定的节日或者纪念日时，小菲就会给孩子一些奖励，比如：在儿童节的时候，小菲会带孩子去游乐园玩；在孩子生日的时候，他可以自行挑选一件礼物；孩子在学习或者参加的课外活动中表现良好，可以让父母帮自己实现一个愿望。

　　当然，有奖励的规则，也有惩罚的规则。如果孩子做错了事情，则会受到惩罚，比如：去冷静角进行自我反省，打扫卫生，没收一件玩具，等等。

　　现在，小菲的孩子已经上四年级了，他热心开朗，学习成绩优秀，有礼貌，有担当，在犯错的时候也勇于认错并承担责任。他不仅受同学们的喜爱，连小区里的爷爷奶奶、叔叔阿姨也一直夸赞他。

孩子在成长的过程中总会犯各种各样的错误，优秀的孩子也会犯错，但是优秀的父母不会因为孩子的错误就对其恶语相向，而是会用温柔又有力量的方式教养孩子：既教给孩子规则，让孩子知道自己哪里做错了，勇于反省；又能做到信任孩子，充当孩子坚实的后盾，给予孩子承担错误的勇气。

也许你觉得孩子太调皮，跟他好好沟通根本没用，他丝毫不在意，也不听，因此你在教育孩子时便只能大喊大叫，甚至比孩子的声音还大，结果你们越喊越起劲，谁也不让谁。遇到这种情况，不妨让自己和孩子都先冷静一下吧。双方都在各自的区域冷静几分钟，等情绪平复后再好好交流。

在冷静的这段时间里，孩子也许可以认识到自己的错误，接下来能静下心听父母讲话；而父母也可以利用这段时间好好组织一下自己的语言，以便更好地引导孩子认识到自己的错误。

当然，你也可以像小菲一样，与孩子共同制定犯错之后的惩罚方式，帮助孩子认识自己的错误。你可以尝试以下两种惩罚方式。

1. 自然后果法

自然后果法，即让孩子承担犯错误的后果，引起孩子的主动思考与改正。比如，当孩子赖床时，父母不必过多地催促，可以让孩子承担因为起得晚而迟到的后果，让孩子为自己的行为负责。孩子在产生了内疚、羞愧等情绪后，就会暗暗下定决心，不再赖床，上学不再迟到。

当然，在采用这种方法时，父母一定要注意造成的自然后果是你和孩子都可以承受的。如果因为你的无视而造成了严重的后果，那就得不偿失了。

2. 按照约定拿走物品

惩罚孩子的方式与规则的制定可以让孩子参与，父母与孩子共同遵守。为了引起孩子的重视，父母与孩子还可以签下承诺书、保证书等。

孩子会有很在乎、很喜欢的东西，可能是书籍、文具，也可能是玩具。父母可以与孩子约定，当孩子犯错的时候，就拿走他的一件物品，直到孩子彻底改正错误才能归还。

当然，如果父母违反了规则，比如冲孩子发火了，那么孩子也可以拿走父母的某件物品，或者让父母帮自己做一些事情。

在与孩子相处的过程中，父母一定要充分地尊重孩子，不要总是站在"自己是大人"的角度居高临下地向孩子提要求、发号施令。只有多听听孩子的想法与心声，用心付出，才能收获孩子的好评。

正确应对孩子发小脾气

孩子也有发脾气的时候，他们可能会不分场合、不分时间地宣泄自己的情绪，比如在商场里吵吵闹闹地不肯走，在饭店里故意用筷子和勺子敲击碗盘制造声响，甚至会冲着父母大喊大叫。孩子出现这样的行为，会让父母很头疼。如果父母当面指责孩子，很容易给人留下不好的印象；如果不制止孩子，任由孩子胡闹下去，又会造成不好的影响，引来别人的指责。

其实，孩子会发脾气是因为受到了坏情绪的干扰，这是一种正常的情绪反应，父母应该试着理解孩子的行为，然后采用温和的方式教导孩子，帮助孩子调节好自己的情绪。孩子的情绪是很容易受到家长的情绪影响的，很多爱发脾气的孩子往往也有着爱发脾气的父母。所以，父母在遇到事时一定要注意不要轻易向孩子发火，尽量让自己冷静下来，好好地和孩子沟通。

辰辰是一个脾气很大的孩子，一遇到不顺心的事情就会发火，比如吃饭时被烫到了，想要的玩具父母没给买，父母不让看电视了，在超市里被遮挡了视线……不管在什么场合，他都会大喊大叫，试图达到自己的目的。

刚开始，辰辰妈妈还会平和地跟辰辰讲道理，告诉辰辰这种行为是不礼貌的，也是不可取的。可是并没有什么效果。后来，辰辰妈妈也开始采用大喊大叫的方式来教育辰辰，但是同样收效甚微。有时候，辰辰还会跟妈妈吵起来。

看到好朋友对孩子的教育问题感到如此困扰，我跟辰辰妈妈说了下自己的想法："一个孩子会发脾气是正常的，这恰恰说明他的某种需求没有得到满足。我们要试着去包容孩子，不要被孩子的坏脾气带偏。等辰辰再发脾气的时候，你可以问问他发脾气的诉求是什么。如果这个需求是你可以满足的，那问题不就解决了吗？"

后来，辰辰妈妈告诉我，当辰辰再发脾气时，她不再向辰辰发火，而是耐心地询问辰辰心底的诉求，没想到效果居然出奇地好。受到妈妈的影响，辰辰也不再随便发脾气了。辰辰妈妈下定决心，以后也要做一个心平气和的妈妈。

当然，包容不是纵容，如果孩子只顾达到自己的目的而大发脾气，父母也会很难控制自己的脾气，但要注意，不要被孩子的情绪带偏，而要冷静地应对这种情况。比如做做深呼吸，先调节好自己的情绪，然后可以采取以下方式来应对。

1. 坚持自己的一贯原则

孩子在发脾气时，也会察言观色，试探父母的反应。如果父母就此松口或者退让，孩子就会变本加厉。因此，父母要坚持自己的一贯原则，不要因为孩子哭闹就妥协，这是很重要的一点。当然，除了父母，家里的其他人也要坚持原则，不能随意满足孩子，以免让孩子觉得自己有可乘之机。

2．提供其他的解决方案

当然，如果是在公共场合，那么孩子哭闹会给别人带来不好的影响，此时父母仍然要坚持不妥协的一贯原则，但要知道，不妥协不代表任由孩子哭闹，不理不睬，而是用一种温和的方式提供其他的解决方案，让孩子从中做出选择。

比如，在逛商场前，父母已经和孩子约定好只买一个玩具，但买完之后，孩子在商场玩具柜前哭闹着还要买，父母就可以提出其他的解决方案：去商场的儿童乐园玩、去买冰淇淋吃等。在意识到父母今天不会再多给买玩具时，孩子便会想明白，并高兴地接受其他的选择。

3．给孩子空间与时间去思考

有些孩子可能比较倔强，有一种不达目的不罢休的气势。如果父母怎么劝说都没用，那不妨让孩子自己慢慢冷静下来，给孩子空间和时间去思考。如果是在家里，可以让孩子去自己的房间或者客厅的一角冷静一下；如果是在公共场合，父母可以找一处休息间或者人少的地方让孩子去思考。

当然，在孩子思考的这段时间里，父母要密切关注孩子的动态，以免孩子出现过激的行为。

　　即使是成年人，也有控制不住自己脾气的时候，更何况是孩子呢。所以，在孩子发脾气时，请你多一些包容与理解吧，不要被孩子的情绪牵着走。等到你们都冷静下来后，再复盘一下孩子发脾气的整个过程，就会发现原来不发脾气也可以解决问题。所以，父母要保持平和的心态，引导并帮助孩子应对坏脾气。相信你的孩子会逐渐学会管理好自己的情绪的。

问答小课堂：孩子脾气暴躁怎么办

问：我的孩子脾气很暴躁，一遇到不顺心的事情就会大吵大闹。我想要跟他好好讲道理，可他什么都听不进去，有时候甚至会撒泼打滚。在家里他出现这样的行为我可以忍受，可是有时候在公共场合，他也完全不顾周围人的眼光，任由自己的性子来。我要怎么应对孩子的坏脾气呢？

答：孩子发脾气，很可能是想通过这种方式来表达自己的情绪，有时候是孩子不知道怎么说才能让父母理解，有时候是父母对孩子的表达不在意，于是孩子就采取了令父母不解的情绪表达方式。

作为父母，请你想一想：自己平时是否对孩子的需求没有给予足够的重视？又或者是否太过宠溺孩子，以致孩子变得任性呢？

其实，孩子有各种情绪是很正常的，父母需要接受孩子的情绪，不要因为孩子的某些行为而愤怒。所以当孩子发脾气时，父母要心平气和地与孩子沟通，问问孩子的诉求是什么，为什么发脾气，最终想得到什么样的结果，等等。

有不少父母可能一碰到孩子发脾气就觉得心烦，甚至为了让孩子停下来，会说一些威胁的话，比如："你再哭就自己留在这里吧，我要回家了。""你不走就永远别走了。"要知道，这些话只会让孩子变得更没有安全感，所以一定不要这样说。

另外，运动是舒缓情绪的一种不错的方式。你可以让孩子适当地做些运动，引导孩子发泄情绪。孩子有了宣泄情绪的出口，就不会长时间地陷在消极情绪中了。

第五章

温和而坚定，温柔教养也要有原则

温柔教养不是要父母对孩子的需求全部予以满足，而是要父母用一种更温和的方式与孩子相处，对于孩子的需求，需要满足的可以满足，该拒绝的就要拒绝。

可以宠爱，但不能溺爱

很多父母都想要尽自己最大的努力把一切美好的东西给孩子，比如：看到别的孩子有好玩的玩具，他们也会想给自己的孩子买；看到别的小朋友有好看的绘本，他们也会想给自己的孩子买一套；看到孩子受到了一点点委屈，他们会觉得很心疼，自己也跟着难受……其实，父母有这样的想法是很正常的。如果孩子有需求，父母有能力满足孩子的需求，那无可非议；但是如果孩子并没有这样或那样的需求，那么父母就需要有所控制，以免这样无节制的爱发展成溺爱。

现在人们的生活水平普遍提高了，家长所能提供给孩了的物质生活也更优渥了；除了物质需求，更多的家长开始关注孩子的情感需求。这本是一件好事，但如果家长对孩子的

100

物质需求和情感需求给予过度的满足，反而会阻碍孩子成长为一个独立的人，这对孩子身心的健康成长是非常不利的。

父母是孩子的依靠，是孩子成长过程中的引导者和陪伴者。父母需要摆正心态，正确看待自己所处的位置，给予孩子一定的成长空间。具体要做到以下几点。

1．明白自己的角色定位

在孩子还小的时候，父母可以给予孩子全方位的保护，给予孩子足够的安全感，但随着孩子的长大，父母要逐渐学会放手，让孩子学着独自去面对人生中的考验。此时，父母是孩子的依靠，是孩子勇于面对困难与挫折的支撑。

在孩子感到困惑时，父母可以为其提供引导，提醒孩子做出不同选择后将会出现的结果，但不要替孩子做决定。在孩子成长的过程中，父母把握好保护的度，明白自己的角色定位，孩子才能在一次次的经历中不断成长，各种能力也会逐渐得到提高。

有些父母觉得自己多帮孩子做一些，孩子就可以轻松一些。但实际上，父母的包办、控制很可能阻碍孩子的能力的发展，让孩子变得怯懦、没有主见。所以，父母千万不要以"一切为了孩子好"为借口，做着伤害孩子的事。

2. 相信孩子的能力

也许你会觉得自己为孩子做某些事是因为孩子的能力还不够，担心孩子做不好，因此不得不干涉孩子的事情。但实际上，孩子远比你想象中更强大。如果你充分地信任孩子，让孩子独自去完成属于他们的挑战，孩子就会成长得更快。

请你回想一下，孩子第一次洗衣服是什么时候？也许当时他只是想凑个热闹，而你没有阻止他，然后他一边洗衣服一边玩水，最终，衣服洗好了，他身上也被弄湿了。但不可否认，这次洗衣服的体验对孩子来说是新奇的、有趣的。在接下来的日子里，孩子渐渐学会了洗衣服，而这也是他们自理能力不断提升的标志之一。

我一直倾向于让孩子多参与家务活动。哪怕是帮忙择菜、拖地、拿快递等，对孩子来说，都是在尽己所能地帮助父母做事，是父母信任他的表现。

所以，请你对孩子多一分信任吧，请相信你的孩子会成长得很好。即使孩子真的做错了一些事，那又有什么关系呢？犯错并没有那么可怕，让孩子改正错误就好了。

3．鼓励孩子应对挫折

很多父母经历了太多的困难与挫折，不想让自己的孩子也经历一遍，所以他们总是想尽力给孩子提供一个完美的环境，让孩子可以顺顺利利地成长。在这种想法的驱使下，他们对孩子进行过度的保护与干涉，不让孩子经历挫折。这种孩子长大成人后，他们的心理很可能会变得十分脆弱，经受不起打击。

其实，不论是大人还是孩子，在不同的人生阶段都有各自要面对的人生考验与难题。父母应该鼓励孩子去勇敢地面对自己的人生难题，在遇到挫折时找到相应的解决办法，而不是代替孩子去解决问题。

当然，不溺爱并不代表放任自流，对孩子的一切都不管不顾，这是从一个极端跳转到了另一个极端。就像孩子刚学习走路的时候一样，父母可以在一旁扶着孩子，让孩子靠自己的力量往前走，而不是牵着孩子走，也不是在一旁袖手旁观。给孩子一个适应的过程，让他在自己的能力范围内自己做选择，慢慢地掌握各项技能与本领，这也是孩子成长中的宝贵收获。

学会放手，让孩子自己的事情自己做

也许你曾想要放手，让孩子自己去做一些事情，可是由于孩子完成的效果并不能令你满意，所以你便看不下去了，又将孩子推到一旁，自己动手做起来。比如，你让孩子整理他的书桌，等孩子整理完之后，你发现书本摆得并不整齐，笔还是散落在笔筒周围，于是你二话不说就重新整理了书本，又把笔筒周围散落的笔收起来。

也许你觉得自己已经帮孩子做过很多次了，也不多这一次。可是你可能没有意识到，哪怕你已经下定决心让孩子自己去整理，结果你还是一次又一次地帮孩子整理了。其实，当你决定放手让孩子自己去做事情的时候，你完全可以在一旁指导孩子，告诉孩子这件事可以怎么做，然后让孩子自己去做，而不是代劳。

习惯了父母的帮助的孩子，会逐渐养成凡事不愿意操心、不愿意去规划的习惯。如果父母想要让孩子独立起来，就要控制住自己包办的欲望，适当地"变懒"，让孩子自己的事情自己做。

1．鼓励孩子自己做决定

每个孩子都是独立的个体，与他们相关的事情也应该让他们多多参与其中。如果可能的话，尽量让孩子自己做决定，培养孩子的主人翁意识。

比如：孩子的学习用品摆放到哪里，完全可以让孩子自己做决定；给孩子买的宠物龟什么时候喂水、喂多少水也可以由孩子自己决定；外出游玩时，孩子需要的物品也可以让他们自行准备……

当然，孩子也是家庭中的一分子，父母可以将一些家庭小事交给孩子做主，比如：在进行家庭大扫除时，每位家庭成员要负责做什么工作；在周末或者假期，去哪里玩或者组织什么样的家庭活动；等等。孩子的参与感变强了，在讨论的过程中也会发表自己的看法，聆听父母的想法与建议，这对于培养孩子的决策能力也是很重要的。

2. 给孩子机会和时间

有些父母看到孩子做事情做不好，就会急着帮孩子做。如果你也经常这样做，那不妨改变一下自己的想法，给予孩子足够的机会和时间，让孩子在体验中渐渐学会相关的技能。

不论做什么事，都需要一个学习的过程。即使孩子刚开始做得没有那么好，父母也不用过于着急，只要给孩子一点儿鼓励，相信孩子，孩子自然会做得越来越好。

康康是一个不爱整理的孩子。在家里，妈妈会帮康康收拾他的卧室、书桌，连上学要带的课本、文具都是妈妈每天晚上收拾好，装到康康的书包里。

在学校，康康的座位总是乱糟糟的，各个科目的书籍乱放，经常找不到当堂课要用的书籍，为此老师没少批评他。每次年级的卫生评比，康康都需要同学的帮助才能把座位收拾得干净整洁，这也让同学们很头疼。

在后来的一次家长会中，班主任针对康康的这个问题跟康康妈妈聊了聊，建议康康妈妈多给康康自己动手整理的机会。经过这次谈话之后，康康妈妈才意识到自己的"帮忙"已经给康康的校园生活和学习带来了负面的影响，于是她下定决心，让康康自己的事情自己做。

刚开始，康康妈妈让康康自己整理书包，将第二天上课要用到的物品装到书包里，康康胡乱一塞，没装几本书，书包就被撑得鼓鼓的。妈妈强忍住动手帮忙的想法，指导康康："你先看看课程表，明天需要用到哪些书，然后把这些书一本一本整齐地放到书包里，这样需要用到的时候也会很好找。"于是，康康便按照妈妈说的方法做了，果然书包里整齐了很多。

在之后的生活中，妈妈逐渐放手，让康康自己叠衣服、整理床铺，康康的自理能力得到了很大的提升。

在教养孩子的过程中，不只孩子需要成长，父母同样需要学习、需要成长。信任孩子，懂得放手，这并不是父母偷懒、不负责任，反而是父母了解孩子的发展规律、懂得科学教养的养育方式的表现。

在孩子具备了相应能力的情况下，就放手让孩子去做吧。即使做错了也没关系，允许孩子多尝试几次，给予孩子适当的鼓励与陪伴，可以让孩子更有信心独自做好自己的事情。

善意引导比生气指责更有效

　　当孩子做了错事后，父母首先要做的不应该是指责或批评孩子，而应该是先处理事情。但实际上，很多父母的第一反应都是训斥孩子，指责孩子的行为，结果不仅达不到教育的目的，反而还引起了孩子的反感。如果父母可以用善意的引导教育孩子，告诉孩子应该怎样处理问题，而不是劈头盖脸地指责孩子做得不对，那教育的效果会更好。

　　吃完午饭后，澄澄妈妈洗了一些葡萄、荔枝，用新买的水果盘装好，准备等好朋友来串门的时候一起吃。

　　澄澄看到新买的水果盘感到很新奇，他一边吃着水果一边拨弄着盘子。看到澄澄的反应，妈妈提醒澄澄："小心，不要玩盘子，你会打碎它的。"

澄澄自信地说："不会打碎的。"

然而，话刚说完，澄澄挥手时没注意，就将果盘碰到了地上，水果散落了一地，果盘也碎了。

妈妈怒视着澄澄，大声地说："你在干什么呢？不让你玩你非要玩，这下弄碎了，你说怎么办？"

澄澄嘀咕道："我又不是故意的。"

妈妈很生气，一边唠叨，一边收拾散落一地的东西。

爸爸则继续坐在沙发上，镇定地说："水果盘很容易打碎，以后注意就好了。"见澄澄没有反驳，爸爸继续说道："妈妈刚刚把水果洗干净，现在都掉到地上了，我们帮妈妈把水果再洗一遍吧！"

澄澄轻轻地点了点头。

等爸爸妈妈把果盘碎片收拾干净后，爸爸就叫澄澄一起去厨房洗水果。爸爸一边洗一边对澄澄说："妈妈也不是故意训斥你的，但是她刚说完不让你玩，担心会打碎果盘，你就真的打碎了，这对妈妈来说太突然了，所以她一时接受不了。"

"我知道了，以后我会更小心的。"澄澄不再一言不发，回应了爸爸的话。

　　水果洗干净之后，澄澄来到客厅。妈妈也冷静了下来，对澄澄说："澄澄，对不起，妈妈不是故意要吼你的，是一时没有控制住脾气。"

　　澄澄也对妈妈说："妈妈，对不起，我把新买的果盘给打碎了，以后我一定会很小心的。"

　　"没事的，果盘碎了可以再买，你没受伤就好。"

　　在做错了事后，每个人都希望得到的是指导、安慰，而不是批评，孩子更是如此。即使父母没有斥责孩子，孩子也会认真思考自己哪里做错了，并为自己的行为感到抱歉。所以，你不要急着批评、训斥孩子，而是要让孩子知道你的最终目的是帮助他处理当前的问题，而不是为了惩罚他。为了让孩子坦诚地与你交流，你可以这样说：

　　"妈妈的本意不是惩罚你，而是想让你搞清楚你哪里做错了，这样你才不会反复犯同样的错误。"

"现在你可以说一说，为什么要这样做吗？"

"现在事情已经这样了，你觉得我们接下来要做什么来弥补呢？"

孩子在犯错后也会不知所措，如果父母可以温和地跟孩子交流，就事论事，给孩子提供建设性的改正意见，孩子也会努力地弥补自己所犯的错误，就像上述案例中的澄澄一样，而不会再跟父母对着干。

作为父母，我们要克制自己的愤怒情绪，允许孩子犯错，也给孩子提供改错的机会。如果为了发泄自己一时的情绪而严厉训斥孩子，这不仅很难让孩子真正长记性，还容易引起孩子的反感与顶撞。

也许你会认为自己批评孩子也是为了孩子好，但实际上孩子并不会这样想。他们并不一定领情，而且会觉得你对他们不满。明智的父母会采取孩子能接受的方式进行引导，这样孩子更能感受到父母的善意，也更愿意虚心地接受父母的建议。所以，在教育孩子的时候，为了达到更好的教育效果，请你充分地尊重孩子的感受，理解孩子的心情，用善意的引导代替指责吧。

正面管教，也要给孩子定规矩

温柔教养指的是在教育孩子的时候，不大吼大叫，平和地与孩子讲道理，但这并不代表父母就要满足孩子的所有需求，对孩子百依百顺。科学的教养方式是在正面管教的基础上给孩子定规矩，让孩子知道哪些事可以做，哪些事不能做，从而把孩子培养成一个有原则、有规矩的人。具体可以从以下几点来进行。

1. 拒绝孩子的不合理要求

有些孩子可能原本表现得很好，但是看到同学或者朋友通过哭闹、不讲理获得了某些好处后，他们便有样学样，试探父母。如果父母第一次没有拒绝孩子，那么同样的行为就可能会发生第二次、第三次；相反，如果第一次父母就阻止了，没有让孩子的任性行为得逞，那么这样的事就不会再有第二次了。

　　暑假期间，天天妈妈带着天天去朋友家做客。朋友家的孩子牛牛跟天天的年龄差不多，两个人玩得很高兴。

　　到了午饭的时间，朋友做了几道菜，还专门给两个小朋友每人做了一小碗鸡蛋羹。天天乖乖地坐到了餐椅上，准备吃饭；而牛牛看到桌子上的饭菜，瞬间就坐到了地上，哭着喊道："我不要吃鸡蛋羹，我要吃蛋挞、蛋挞……"

　　牛牛妈妈劝道："牛牛，你看天天多乖啊，妈妈晚上给你做蛋挞，好不好？"

　　牛牛不听妈妈的话，还是继续喊着："我就要吃蛋挞、蛋挞……"

　　牛牛妈妈很无奈，但还是放下筷子，去做蛋挞。

　　牛牛午饭就吃了几个蛋挞，然后他心满意足地擦擦嘴巴，又继续玩玩具了。

　　天天和妈妈吃完午饭后又待了一阵，就回家了。到了吃晚饭的时间，妈妈做好了面条，叫天天吃饭。天天还在忙着搭积木，丝毫不理会妈妈。

妈妈走到天天身边，表情严肃地说："天天，要吃晚饭了，吃完饭再搭积木吧，到时妈妈陪你一起搭。"

听完妈妈的话，天天放下了积木，问："晚饭吃什么呀？"

"面条，你下午的时候说想吃面条的。"

"不要，我不要吃面条，我要吃鸡蛋饼。"

"明天妈妈可以做鸡蛋饼，但今天的晚饭就是面条。如果你不想吃，那就饿着吧。"

天天坐在垫子上愣住了，似乎没想到妈妈会这样应对。妈妈继续说："如果你想吃面条，就乖乖地去洗手；如果你现在不饿，不想吃，妈妈也不会勉强你，但妈妈现在要吃饭了。"说完，妈妈就自顾自地坐在餐椅上，吃了起来。

过了一会儿，天天就像往常一样去洗手、吃饭了。他一边吃还一边对妈妈说："妈妈，您做的面条真好吃。"

面对孩子的无理要求，也许很多父母的第一反应都是拒绝，但是面对孩子的软磨硬泡、哭闹不止，也有不少父母选择了妥协。殊不知，正是你一次又一次的妥协，才让孩子变本加厉，不再遵从你们之间制定好的原则与规矩。

2．对待孩子的教育问题，家里长辈的意见要保持一致

也有的家庭会出现长辈意见不一致的情况。比如，父母要求饭前便后洗手，但是爷爷奶奶却认为这并不是什么大事，于是在父母让孩子去洗手时，他们横加阻拦，结果导致孩子觉得这是可以不用做的，试图挑战父母。长此以往，孩子就不会明白什么是不合理的要求，还学会投机取巧，这对孩子的成长是极其不利的。

因此，在教育孩子的过程中，家里长辈的意见应保持一致，让孩子知道，制定好的规则就要遵守，无理的要求不会得到满足。如果出于溺爱而失去理智，一味地迁就孩子，孩子就会变得不讲道理、胡搅蛮缠。

3．不要欺骗孩子

真正的爱孩子，不是有求必应，而是让孩子在一定的环

境里面，能够自由地成长。如果父母提供给孩子的环境是值得信任的，孩子就会更加愿意进行自控，从而养成良好的自控能力，这对孩子今后的学习与生活尤为重要。这就要求父母不要欺骗孩子，不要觉得孩子还小，骗一次两次没关系，殊不知这是在蚕食孩子对父母的信任。

比如，当孩子哭闹着要去游乐园玩旋转木马时，如果你有事要做无法满足孩子的要求，于是对孩子说："你乖乖地等我十分钟，等我办完事就去游乐园。"结果，孩子遵守了约定，你在办完事情之后却只是带着他去公园荡了一会儿秋千。这样，孩子慢慢地就不再信任你了。

如果你做不到，那就不要轻易答应。父母信守对孩子的承诺，才能给孩子营造一个相互信任的环境。如果孩子对父母不再信任，那获得奖励或者避免惩罚的动力就会减弱，这会让孩子变得更加难以管教。

这样定规矩，孩子才不会抵触

有些父母觉得给孩子定规矩，会让孩子跟自己变得生分，影响亲子关系。其实，爱和管教并不是对立的，父母爱孩子，但也不能对孩子的所有要求都给予满足，也应该约束孩子的行为，让孩子知道应该遵守哪些规矩。适当的管教不仅不会影响亲子关系，反而有助于孩子安全感的构建。

孩子还不够成熟，他们看待事情的角度可能会过于片面，对很多问题的认识不到位。而父母的限制与设定的界限，就相当于给孩子圈定了一个相对安全的区域，孩子在这个区域内可以自由地发挥，不用担心他会出现某些不可控的行为，导致难以承受的不良后果。

在教养孩子的过程中给孩子立规矩，不仅可以让孩子知道什么事能做、什么事不能做，而且能让父母在管教孩子的时候有规矩可依，避免父母受到主观情绪的影响而采用不恰当的教育方式，令孩子不服。因此，立规矩不仅是一种有效的管教方式，还有利于亲子感情发展。

有些父母可能会诉苦："我也给孩子立规矩了，但是孩子就是不按照规矩做，那能怎么办呢？"如果遇到这种情况，那可能是你定的规矩并没有让孩子真正理解并接受。在制定规矩时，父母要注意以下几点原则。

1. 制定的规矩要具体易行

孩子的理解能力并没有那么强，对制定的规矩可能理解得不够深刻，这就使得他们在执行上也存在一定的困难。在父母看来孩子可能是明知故犯，而对于孩子来说，他们是不知而为之。为了避免出现这种情况，父母要注意制定的规矩要具体易行，不要过于复杂。

比如，如果你想要让孩子养成自主整理的习惯，那制定的规矩不应是"自己收拾自己的房间"，而应该将孩子要做的具体事情罗列出来，如：①将被子叠放整齐；②把衣服放回衣柜；③将书本放到书架上。这样孩子就能明确你的具体需求是什么，从而可以很好地去执行。

另外，还需要注意一点：不要同时让孩子去做多件事情。虽然这些事情在你看来都是顺手就能做的小事，但是对孩子来说，做每件事都需要他们全身心地投入。如果孩子在做一件事的时候被打断，他们很可能就会忘记正在做的事情，转而去做你交代的另一件事。所以，不要心急，更不要急着下指令，让孩子一件一件地去完成。在完成之后，孩子就会产生成就感，那样他们就不会抵触你制定的规矩了。

2．规矩制定好后，要严格遵守

其实很多时候，如果你跟孩子的沟通到位了，孩子就不会刻意去违反你们制定的规矩。而常见的情况往往是大人觉得一次的例外没什么关系，于是主动带着孩子违反制定好的规矩。比如，当家里来了亲戚、朋友时，孩子正在整理自己的玩具，有些家长可能会对孩子说："你不玩的玩具先不要收起来，可以跟小朋友一起玩。"这个时候，孩子可能会说一句："不玩的玩具要收起来。"如果家长还是坚持说不用收，孩子可能就会困惑了："不玩的玩具到底要不要收起来？"

在教养孩子时，父母一定要一以贯之，不要一时这样，一时又那样。如果父母自己都做不到遵守规矩，又如何能要求孩子去遵守呢？当然，最理想的状况是，不论什么时间、场合、地点，制定好的规矩都去遵守。如果遇到了意外情况，也要向孩子解释清楚，以免孩子无所适从，不知道接下来要怎么做。

3. 制定规矩需要讨论，但要避免讨价还价

我们倡导尊重孩子的意见，因此，在制定规矩时，父母可以跟孩子一起讨论。如果孩子有疑问，父母也要耐心地给孩子解答。要知道，孩子只有认同了你们制定的规矩才会用心地去执行，不会敷衍了事。

不过需要注意的是，商量可以，但有些问题还是要避免跟孩子讨价还价。如果孩子发现你总是退让，那你们可能就会针对一件小事讨论很久。所以，有些事情要坚持原则。对于必须养成的良好习惯，如饭前洗手、睡前刷牙等，就不能让孩子讨价还价。

另外，为了让孩子乐于执行这些规矩，父母还可以设置一些奖励或者惩罚措施。比如：当孩子遵守了规矩后，给予一些奖励，以强化孩子的行为；当孩子违反了规矩后，就取消某个奖励，让孩子承担后果。

　　不论是父母还是孩子，都在不断地成长。给孩子定规矩，是为了让孩子成长得更好，而父母是孩子人生路上的引导者，因此，对于制定好的规矩，父母也同样需要遵守，以身作则，为孩子树立良好的榜样。

问答小课堂：孩子为什么跟我不亲密呢

问：我是全职宝妈，孩子自出生后就一直由我带，可为什么我感觉孩子跟我不亲密呢？这是我的错觉吗？

答：带孩子，不只是要关注孩子的日常生理需求，如吃饭、喝水、尿尿等，同样也要关注孩子的心理需求，如全心全意地陪孩子玩。如果父母在带孩子的时候，只注意让孩子避免磕碰，而将更多的心思放在手机上，让孩子自己玩，没有及时给予孩子情感上的回应，同样无法取得陪伴的效果。

当然，孩子的精力旺盛，无论是谁照顾、陪伴孩子，都会有感到累的时候。所以，父母可以适当地休息，但是在陪孩子玩的时候一定不要敷衍，而要全身心地投入。即使只有半小时、一小时，孩子也会很开心，你同样也会觉得这段时间很有价值。

第六章

高质量陪伴，不缺席孩子的成长

　　你是不是也有这样的感受：看的育儿书籍越多，就越懊悔自己之前做得不好。要知道，我们每天都会对孩子说很多很多的话，即使有的话说错了，之后也会有弥补的机会。所以，在陪伴孩子的时候就全身心地投入其中吧，你的陪伴对孩子来说至关重要。

陪着不等于陪伴

在当今的各种压力下，很多父母都忙于事业，并没有太多的时间陪伴孩子。孩子大多和老人在一起，即使是和父母住在一起，每天相处的时间也不会太长。

很多父母都认识到了陪伴的重要性，他们也会尽量抽出更多的时间去陪伴孩子，但是因为各种各样的原因，导致陪伴的效果并不好。比如：有些父母不知道陪伴孩子的时候要做什么，就给孩子准备了一大堆玩具，结果孩子玩得并不尽兴；有些父母依旧沉迷于玩手机、看视频，于是在陪孩子的时候就很敷衍，对于孩子说的话，用"嗯嗯"等回应；有些父母为了让孩子玩得开心，会带孩子去游乐园，但是在游玩的过程中，缺少与孩子的互动，反而自顾自地拍视频、分享动态……

　　以上的这些做法，父母并没有做到全心全意地陪伴，与其说是陪伴，不如说是陪着。虽然看起来父母和孩子在一起，但却没有互动，没有进行心与心的交流，父母没有去了解孩子内心的想法。这样的方式对父母来说是轻松了，但是对孩子来说，这并不是他们想要的陪伴方式。

　　既然你已经下定决心陪伴孩子了，那就一心一意地将你的关注点放在孩子身上吧，不要让孩子对你的陪伴产生反感，更不要让自己后悔。要知道，孩子的成长是很快的，他们每天都在接触新鲜的东西，每天都在进步。你可以试着回忆一下孩子小的时候，虽然日子都是一天一天过的，但你会发现，那段时光在现在看来居然是那么短暂、幸福。而处在孩子目前的成长阶段，你也许会觉得既疲惫又幸福，但是又期待着孩子可以快快长大。那就怀着这种美好的期待，用你全心全意的陪伴跟孩子一起成长吧。

　　也有些父母在陪伴孩子时，不会玩手机，不会敷衍应对孩子的诉求，但却把孩子管得很严，寸步不离地跟着孩子，生怕孩子磕到、碰到。在父母这样全方位的监督下，孩子缺少独立的机会，很可能会变得娇气，遇到事情时完全依赖父母，缺乏自己的主见与想法。

陪伴的效果如何，主要的评价标准不是时长，而是质量。如果你一直陪在孩子身边，哪怕是一整天，但是你三心二意，一会儿看看手机，一会儿跟周围的人聊聊天，一会儿又处理工作方面的事情，虽然陪孩子的时间足够长，但孩子却并不觉得有意思，那这样的陪伴也是无效的；反之，即使你只是在每天下班后陪孩子玩半小时或一小时，但是在这期间，你热情满满地跟孩子互动，了解孩子的需求，对孩子给予积极的回应，孩子也会非常享受这样的时光，这样的陪伴就是高质量的。

高质量的陪伴不仅让孩子高兴，对父母来说也是一种心灵的滋养。那么如何才能知道自己对孩子的陪伴是不是高质量的呢？对于这一点，孩子可能比你更清楚。请你想一想，当你在陪着孩子时，孩子是否向你发出过如下信号：

＊ 跑到你身边，拉着你的手，让你看他正在做的东西。

＊ 对你说："妈妈陪我玩吧！"

* 粗暴地从你的手上抢走手机。

* 面无表情地看着你。

* 孤独地坐到一旁。

* 时不时地哭闹一下，吸引你的注意力。

……

如果出现以上信号，那就请你放下正在做的事情，把注意力放到孩子身上，看看孩子正在做什么、做得怎么样，专心地与孩子互动吧。

孩子有自己的人生，有自己的想法，父母无法时时刻刻陪在孩子身边，那就在陪伴孩子的时候让孩子感受到快乐和幸福吧。用你的温柔教养为孩子营造一个温馨的氛围，用你全身心的陪伴为孩子提供一个幸福的港湾，不焦虑、不急躁、不分心，与孩子一起慢慢成长。

积极参与孩子喜爱的活动

　　孩子通常会有自己的社会活动，比如学校里组织的各种文艺会演、运动会等。还有的父母会给孩子报名参加各种特长班，培养孩子的特长，而为了验收孩子的学习成果，在学习结束后也通常会有汇报演出等。对于这些各式各样的活动，虽然主体是孩子，但是父母也应该积极地参与其中。

　　有些父母觉得这是孩子的活动，自己是否参与其中关系并不大；而且对于某些项目，自己了解得并不多，即使参与其中，也未必能帮上什么忙，所以并没有参与的必要。其实，这种想法是不对的。对孩子来说，父母的参与就是对自己的肯定，有时候即使孩子并没有取得什么好名次，但是有父母的陪伴与鼓励，孩子也不会觉得太伤心。

硕硕对乐高很感兴趣，父母就给他报了乐高课程班。暑假期间，硕硕在完成了自己的日常学习任务后，就开始摆弄乐高，搭建各种各样的模型。

　　在暑假结束前的一个星期，乐高课程班恰好要组织一场活动，并邀请了学生家长参与。这天正好是星期六，硕硕的爸爸妈妈都不上班，于是他们就都去当观众，给硕硕加油助威去了。

　　比赛结束后，硕硕很失落，对爸爸妈妈说："对不起，我没有拿到好名次。"

　　爸爸仍然兴奋地对硕硕说："爸爸并不这么觉得。看到你认真投入的样子，爸爸觉得这一趟没有白来。"

　　妈妈也安慰硕硕："虽然这一次没有拿到名次，但这并不影响你的优秀，只能说是其他同学表现得更优秀。我相信，如果你一直坚持下去，肯定会取得更好的成绩的。况且，你玩乐高是出于兴趣，只要你自己开心了就好。"

　　听到爸爸妈妈这样说，硕硕不再垂头丧气了，他高兴地说："我知道了。我不会因为一次小小的失败就放弃的！"

陪伴孩子的过程其实也是教育孩子的过程。孩子参与各项活动，除了可以锻炼相应的技能、获得相关的本领外，还会提升合作、坚持、耐挫等能力，这对孩子的成长也是很重要的。而家长的鼓励、指导、安慰等可以更好地引导孩子，塑造孩子积极的性格。

在父母与孩子共同学习某项技能的过程中，孩子也会在父母的示范作用下学会学习的方法。比如，参加孩子的绘画兴趣小组活动，父母需要先掌握一些绘画的技巧，与孩子一起练习，为了使学习的效果更好，父母可以买一些基础绘画类的书来看，或者看一看网络上的绘画教学视频等。在这个过程中，孩子也会通过父母的行为学会自主学习，在之后碰到不熟悉、不擅长的领域时，可以主动查找资料解决问题。

再比如，对于孩子并不熟悉的任务，父母可以给予指导，帮助孩子循序渐进地完成。当孩子觉得任务太难，不知道如何下手时，父母可以引导孩子将大的任务划分成一个个小任务，并制订相应的任务计划，从而帮助孩子由易到难地去完成任务，逐渐打消孩子的畏难情绪。

当然，并不是每个父母都有时间陪伴孩子参加他们感兴趣的活动。如果你属于平时工作比较忙、陪伴孩子的时间比较少的那一类父母，那就请你抓紧陪伴孩子的短暂时光，去了解孩子正在做的事情，了解他们的兴趣爱好，让孩子多分享一些他们在参与这项活动时的想法与感受。这样虽然你并没有真正地参与其中，但是你的积极询问与反馈会让孩子继续充满热情与动力地参与活动。

规划温馨的亲子沟通时间

很多父母实际上并没有太多时间陪伴孩子，即使是在每天的下班时间，抑或是周六、周日，很多父母也都在忙于给孩子做饭、洗衣服、辅导作业，而真正与孩子沟通的时间并不多。缺少沟通，亲子之间就容易产生误会，出现各种各样的隔阂。

家庭成员如果要加强了解，规划一个亲子沟通时间是很不错的选择。就像公司会为了项目顺利进行下去而开会一样，家庭也可以定期开个小会议，让家庭成员把心里话说出来。当然，家庭会议的氛围应该是温馨的、甜蜜的、轻松的，开家庭会议的目的是帮助家庭成员相互了解，每个人都有权利发表自己的看法。

有些父母可能觉得自己的经历比较丰富，在与孩子说话时往往会居高临下，将沟通交流会硬生生地开成了孩子批斗会，将气氛弄得很僵，以致孩子越来越抵触这种家庭会议。对于这种情况，我想说：如果孩子近期的表现真的不尽如人意，那你也要尽量控制自己的脾气，不要在原本应该温馨的时刻让孩子感到难堪、难受，以免孩子接下来不再积极地参加亲子沟通会。

也许你会疑惑：亲子沟通会真的有那么神奇吗？难道我不可以在平时遇到事情的时候就跟孩子沟通，非要把事情留到专门的时间去说吗？实际上，我倡导专门留出亲子沟通的时间，是为了让父母可以与孩子进行深层次的沟通。即使平时没有什么事情，父母也可以与孩子有一段固定的时间来了解彼此。当然，如果真的碰到了一些事情，没必要一直留着，而可以立即解决。

那么，要如何让亲子沟通真正发挥出其应有的作用呢？家长可以从以下几点入手。

1．利用孩子感兴趣的事物开启话题

有些父母可能并不知道要跟孩子说些什么。其实，用孩子感兴趣的事物开启话题是不错的选择。比如孩子喜欢的动画人物、孩子的兴趣爱好、孩子学校近期发生的有趣的事情等。只要父母用心观察，总能发现孩子的兴趣点，也就更容易找到沟通的话题。

当然，父母也可以向孩子分享自己近期的感受与所见所闻，像对待朋友一样对待孩子，从而拉近亲子距离。

2．沟通氛围既要轻松，又要正式

亲子沟通交流本来就是一件稀松平常的事，因此，沟通氛围没必要像公司开会一样严肃，可以是温馨而轻松的。这也更有助于家庭成员敞开心扉，诉说自己近期的想法与感受。

而所谓正式，则是要有一定的仪式感。比如每次的亲子沟通会都需要一个主持人，主持人需根据近期的家庭生活提出要讨论的主题，让家庭成员都踊跃发言。这种充满仪式感的活动会逐渐培养孩子的责任感。

3．固定亲子沟通的时间

我们都知道"没有规矩，不成方圆"。为了让家庭成员将亲子沟通重视起来，可以将每周的某一天某个时间或者每个月的某一天某个时间确定为亲子沟通的时间，沟通的地点和内容可以变动，但是时间要尽量保持不变。如果在近期的一段时间内，父母与孩子的沟通充分，在这段固定的亲子沟通时间内并没有什么特别要说的，那就可以让孩子说一说自己最近的状态，进行一下自我评价，等等。

进行亲子沟通的目的是让一家人可以心平气和地交流，让父母与孩子之间建立起沟通的桥梁，让亲子关系更亲密。因此，在沟通的过程中，父母还需要注意以下几点原则。

1．不打断孩子说话

当孩子正在表达自己的感受时，父母不要打断孩子，而应认真地倾听孩子说话。这是一种尊重，有助于让孩子敞开心扉去表达。

2．不要与孩子抬杠

很多时候，父母与孩子的想法会有所不同，这是很正常的。父母没必要非将自己的观点灌输给孩子，也不必完全否定孩子的想法。如果你一说话就跟孩子杠起来，孩子会觉得与你没有共同语言，那就无法继续沟通下去了。

3. 沟通要真诚

有些父母为了让孩子跟自己多说一些事情，可能会不停地说好话促使孩子表达；有些父母为了激发孩子的表达欲，可能会故意说一些反话。不可否认，在某种特殊情境下，这两种方式可能会有一定的效果，但是我不建议将这两种沟通方式应用到这段固定的亲子沟通时间中。只有真诚地与孩子进行沟通，才能得到孩子的信任与尊重。

对孩子来说，家庭是充满爱的，家庭里的成员是他们可以依靠的。只有家庭成员互相信任、互相支持，家人之间打开真诚沟通的大门，这个家才会健康地成长。

父母要用孩子能感受到爱的方式教育孩子，奠定信任的基础，这样孩子才会拥有敢于面对外界风雨的勇气及勇于承担责任的担当。

定期组织家庭活动

现在很多家长都会在孩子的寒暑假里带孩子出去旅游，希望可以借此开阔孩子的眼界，让孩子多了解各地的风土人情，看看不一样的风景，增加不一样的体验。但由于去旅游的时间并不多，而且很多时候花费了大量的时间在路上，所以旅游的过程虽然很快乐，但往往也会让人感到很疲惫。与此相比，将与孩子相处的时间放到平时，定期组织一些家庭活动，则不失为一种性价比更高的教养方式。

在陪伴孩子时，由于父母和孩子的兴趣爱好有所不同，很可能孩子感兴趣的东西，父母并没有太大的兴趣，也可能父母觉得有意思的东西，孩子会觉得很无聊，导致父母与孩子无法玩到一起去，结果就是各干各的，没有话说。

如果你也面临着这样的困境，不必过于焦虑，只要想一想有什么活动是你和孩子都感兴趣的就好了。你不必刻意委屈自己去迎合孩子的喜好，也不必强制性地要求孩子按照你的计划去做，毕竟只有身处其中的你们都觉得开心，这场家庭活动才更有意义，从而可以给彼此留下快乐的回忆。

那么，父母可以与孩子组织哪些家庭活动呢？

1．一起做游戏

游戏是孩子认识世界的主要途径，也是孩子最感兴趣的活动之一。进行亲子游戏不仅可以拉近孩子与父母的关系，促进情感交流，还可以让父母在玩游戏的过程中发现孩子的潜能，发掘孩子身上的闪光点，为培养孩子的兴趣爱好提供方向。

也许有些父母不知道可以跟孩子一起玩什么游戏，其实，对于孩子来说，即使是"老鹰捉小鸡""丢手绢""击鼓传花""一二三，木头人""老狼，老狼，几点了"等这种简单的游戏，他们也会享受其中。孩子并不会特别在意游戏场地的大小，只要有父母全身心地陪着他玩游戏，他就会感到很开心。

当然，为了让游戏更丰富，父母也可以买一些亲子游戏的书，参考书中的方案跟孩子一起玩游戏。父母还可以和孩子一起设计一个全新的游戏，或者让孩子在现有的游戏中增添一些元素，想出更有趣的玩法，这样孩子就不再只是游戏的参与者，还是游戏的策划者。在孩子设定的游戏情景中，孩子是游戏的主体，也是游戏进程的主导者，父母按照孩子的想法进行配合，这样孩子的积极性会更高，玩得也会更快乐。

2. 一起看书

我们都支持孩子多看书，但是如果父母没有以身作则，孩子也很难长久地坚持下来。

我有一个朋友，每个周末都会带孩子去书店或者图书馆看书，当然，他自己也会看些自己感兴趣的书。为了让孩子在读书的时候有所收获，他鼓励孩子将书中的故事内容复述一遍，孩子也可以加上自己的理解来分享读书心得。有时候，如果因为一些特殊原因没有去书店或者图书馆，他们也会专门腾出时间在家里一起读书。碰到孩子读不懂的地方或者孩子有其他想法的时候，他们也会互相交流。这让孩子的读书兴趣越来越浓厚，他们的家庭氛围也一直温馨而和谐。随着孩子年龄的增长，孩子读的书越来越多，了解的知识也越来越丰富，在班级里也常常跟同学们分享他的观点。

跟孩子一起看书，父母既可以培养孩子爱读书的好习惯，也可以引导孩子去思考、感悟，拓宽孩子的眼界与知识面。在看书的时候，父母可以与孩子看同一本书，也可以看自己感兴趣的书，关键是给孩子营造一个读书的氛围，组织一个家庭成员共同参与的活动。

3．一起看电影

看电影也是一种很好的亲子活动，父母可以选择带孩子去电影院看电影，也可以在家里看电影。在看完电影后，父母可以和孩子交流一下观后感，进行思维的碰撞。

如果孩子感兴趣，父母也可以让孩子进行天马行空的想象，根据某个片段设计接下来的情节，培养孩子的想象力、创造力。

4．一起周边游

长途旅行不仅时间成本高、经济压力大，还容易让人感到疲惫，而周边游则可以有效地解决这些问题。在居住地附近游玩，既能达到散心的目的，丰富孩子的生活体验，又能在有限的时间内来一段说走就走的旅行。

父母带孩子一起周边游时，可以一边游玩，一边向孩子介绍景点的文化、建筑、历史知识等，真正做到寓教于乐。

组织家庭活动并不是单纯地带孩子玩耍。父母能带孩子做的事情有很多。在这段亲子时间里，也许你们并没有做游戏、看书、看电影、外出旅游，而是和孩子去逛了商店，让孩子自己做主选择了需要的文具，抑或是和孩子去外面的餐馆吃了一顿饭，让孩子了解了用餐礼仪，等等。只要家庭氛围和谐，你们都很享受相处的时光，那么这就是一次成功的家庭活动。

与孩子相处，重在日常。要知道，孩子需要的、在意的是你们对他的看重与陪伴，所以不要让你的想法被所谓仪式感局限住，不要总是以"还没有准备好"为借口缺席孩子的成长。请你从现在开始，认认真真地陪孩子度过每一段珍贵的亲子时光吧！

问答小课堂：需要全职陪孩子吗

问：我知道父母的陪伴的重要性，可是我们夫妻二人都要上班，是否必须有一个人辞职，全职陪孩子呢？

答：不可否认，父母对孩子的陪伴的确很重要，你的身边也许有全职带娃的宝妈或宝爸，但这并不意味着全职带娃是你唯一的选择。

父母的陪伴并不是指要时时刻刻在孩子身边。父母下班后，可以陪孩子玩一玩他喜欢的游戏，聊一聊日常，或者饭后跟孩子一起散步。这些温馨的活动都会让孩子感受到父母的爱，为生活增添不少乐趣。

后记

　　读过本书，希望你能对温柔的情绪教养有更为全面、深刻的认识。而正如我们的人生没有标准答案一样，在养育孩子时，各种科学的技巧与方法我们也只能借鉴，无法完全照搬。所以，不必强求自己按照"标准话术"去与孩子交流，只要你遵循温和而坚定的原则，调节好自己的情绪，用平和的态度与孩子交流，消除与孩子之间的隔阂，亲子关系自然就会变得和睦。

　　愿你可以成为更好的自己，同时也成为成熟的家长，对孩子倾注的爱能得到孩子的积极回馈。愿每个孩子都能被温柔相待。